云海科技　编著

SketchUp
设计
新手快速入门

U0351886

化学工业出版社

·北京·

SketchUp是直接面向设计过程而开发的三维绘图软件，操作简单，功能强大。本书从实际应用的角度出发，图文并茂地介绍了最新的SketchUp 2013中文版的基本功能，及其在建筑设计、室内设计、园林景观等领域中的应用。随书配送的多功能学习光盘包含了全书讲解实例的源文件素材，并配有全程实例动画同步讲解视频。

本书共6章，前3章系统讲解了SketchUp的常用操作、基本工具和常用建模方法，后3章通过户型透视图、室内效果图、别墅外观、住宅楼外观、屋顶花园、住宅小区中心景观等经典案例，分别讲解了SketchUp 2013在室内设计、园林景观设计和建筑设计中的应用方法和技巧。

本书结构清晰、内容翔实，既可作为建筑设计、室内设计、园林设计等行业的从业人员的自学参考书，又可作为各高校建筑学、环境艺术、园林景观等专业学生学习SketchUp的专业教材。

图书在版编目（CIP）数据

SketchUp设计新手快速入门/云海科技编著. —北京：化学
工业出版社，2014.1
ISBN 978-7-122-19007-9

Ⅰ. ①S… Ⅱ. ①云… Ⅲ. ①建筑设计-计算机辅助设计-
应用软件 Ⅳ. ①TU201.4

中国版本图书馆CIP数据核字（2013）第272336号

责任编辑：满悦芝 文字编辑：刘丽菲
责任校对：边 涛 装帧设计：尹琳琳

出版发行：化学工业出版社（北京市东城区青年湖南街13号 邮政编码100011）
印 装：化学工业出版社印刷厂
787mm×1092mm 1/16 印张17½ 字数456千字 2014年2月北京第1版第1次印刷

购书咨询：010-64518888（传真：010-64519686） 售后服务：010-64518899
网 址：http://www.cip.com.cn
凡购买本书，如有缺损质量问题，本社销售中心负责调换。

定 价：78.00元

前言

SketchUp作为一款操作简便且功能强大的三维建模软件，一经推出就在设计领域得到了广泛的应用。其快速成型、易于编辑的特点及直观的操作，非常便于设计师对设计方案进行推敲，从而让设计师充分享受设计的乐趣，使设计不再是单纯的电脑制图。

本书首先由浅入深地介绍了SketchUp软件各方面的基本操作，然后结合室内、建筑、园林景观等实际案例，深入讲解了SketchUp在各设计行业的应用方法和技巧。按照工程设计的流程安排相关内容，书中列举了大量的工程实际应用案例，不仅便于读者理解所学内容，又能活学活用。本书除利用丰富多彩的纸面讲解外，还随书配送了多功能学习光盘。光盘中包含了全书讲解实例的源文件素材，并制作了全程实例动画同步讲解教学视频。

本书具有如下特点：

① 案例教学　易学易用　全书结合精心设计的范例进行概念和理论部分阐述，通俗易懂、易学易用，每章课后都有思考与练习操作题，便于巩固所学知识，以达到学以致用的目的。

② 内容丰富　讲解全面　本书共6章，前3章系统讲解了SketchUp的常用操作、基本工具和常用建模方法，后3章通过户型透视图、室内效果图、别墅外观、住宅楼外观、屋顶花园、住宅小区中心景观等经典案例，分别讲解了SketchUp 2013在室内设计、园林景观设计和建筑设计中的应用方法和技巧。

③ 视频讲解　学习轻松　本书附赠光盘内容丰富超值，不仅有实例的素材文件和结果文件，还有由专业设计师录制的全程同步语音教学视频，让您仿佛亲临课堂，工程师"手把手"带领您完成实例，让您的学习之旅轻松而愉快。

本书由云海科技组织编写，具体参加编写和资料整理的有：陈志民、李红萍、陈运炳、刘清平、申玉秀、李红萍、李红艺、李红术、陈云香、陈文香、陈军云、彭斌全、林小群、钟睦、刘里锋、朱海涛、廖博、喻文明、易盛、陈晶、张绍华、黄柯、何凯、黄华、陈文轶、杨少波、杨芳、刘有良、刘珊、赵祖欣、齐慧明、胡莹君等。

由于编者水平有限，书中错误、疏漏之处在所难免。在感谢您选择本书的同时，也希望您能够把对本书的意见和建议告诉我们。

读者服务邮箱：lushanbook@gmail.com

编　者

2014年1月

目录

第 ❸ 章 SketchUp 2013辅助绘图工具 085

第❹章 建筑室内设计 123

第❺章 建筑外观设计 163

第❻章 园林景观设计 213

第 1 章
SketchUp 2013软件快速入门

让设计师具备一种表现速度快、三维直观、真实精确的表达手段非常重要，而SketchUp正是这样一个真正面向设计过程的计算机辅助设计软件，它面向设计本身，其友好的操作界面，使设计不再是单纯的电脑制图，可以让设计师充分享受设计的乐趣。

本章介绍SketchUp的特点、界面构成，以及视环境的设置，使读者了解并熟悉SketchUp软件，为后续章节的深入学习打下坚实的基础。

1.1 SketchUp 2013软件的特点

SketchUp自推出以来，以其易学易用、直接面向设计过程等特性，目前已经广泛用于室内、建筑、规划、园林景观、工业设计等设计领域，如图1-1～图1-6所示。

自Google公司的SketchUp正式成为Trimble家族的一员之后，2013年5月22日，SketchUp

图1-1 SketchUp建筑效果

图1-2 SketchUp校园规划鸟瞰效果

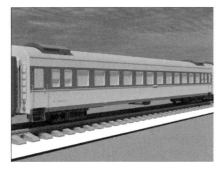

图1-3 SketchUp工业产品设计效果

图1-4 SketchUp景观规划效果

图1-5 SketchUp室内设计效果　　　　图1-6 SketchUp建筑表现效果

迎来了一次重大更新。这一次更新给SketchUp注入了新活力，优化了其原有性能，界面、功能更易于操作，设计思想、实体表现更易于表达。

1.1.1　简洁直观的界面

SketchUp的界面简洁直观，可以实现"所见即所得"。其命令简单实用，显示风格灵活多样，可以快捷地进行风格转换以及页面切换，避免了其他类似软件的复杂操作缺陷。对于初学者，易于上手，而经过一段时间的练习，成熟的设计师能够使用鼠标像拿着铅笔一样灵活，不再受到软件繁杂操作的束缚，而专心于设计的构思与实现。

1.1.2　特殊的建模方式

SketchUp "由线成面，以三角形为基础构成面"的特殊构建方式不同于其他制图软件，所有的模型都是由"边线"和"面"两种基本元素构成，可以便宜灵活地对模型进行推拉、缩放等操作，从而大大节省了建模时间，实现了设计构思与现实情况接轨。以构建草图的形式，让设计师与客户即时对方案进行实时跟进、修改，确保方案立足于实际，同时也不缺乏设计的灵动性和设计感。

SketchUp中的边线具有如下特性：
➢ SketchUp中的边线都是直线。
➢ SketchUp中的边线是没有粗细之分的。
➢ SketchUp中的边线是永远存在的，但可以隐藏。
SketchUp中的面具有如下特性：
➢ SketchUp中的面永远是平面。
➢ SketchUp中的面是没有厚度的。
➢ SketchUp中的面是基于三角形构成的面。

1.1.3　广泛的软件兼容性

SketchUp能够与众多软件对接兼容，不仅与AutoCAD、3ds Max、Revit等常用设计软件能进行十分快捷的文件转换互用，满足多个设计领域的需求，同时还能完美地结合VRay、Piranesi、Artlantis等渲染器实现丰富多样的表现效果。

1.1.4 SketchUp 2013 新性能

SketchUp 2013新特性如下：

➤ 附带的Layout软件大大扩充了基础功能，加入了阵列复制、弧形引导线标注、破折号尺寸、显示加速、页面编号、图案填充、无限放大显示功能。

➤ 附带的Style Builder软件保持原有功能，对界面、内容进行了优化和补充。

➤ SketchUp加入了加速矢量渲染、更灵活工具栏、扩展库、高质量视频输出等。

1.2　SketchUp工作界面

在第一次启动SketchUp Pro 2013时，首先出现的是如图1-7所示的用户欢迎界面，供用户学习和了解SketchUp，并设置工作模板。该用户欢迎界面主要有【学习】、【许可证】和【模板】三个展开按钮，其功能分别如下所述。

➤ 学习：单击展开【学习】按钮，可从展开的面板中学习到SketchUp基本工具的操作方法，如直线的绘制、推拉工具的使用以及旋转操作。

➤ 许可证：单击展开【许可证】按钮，可从展开的面板中读取到用户名、授权序列号等正版软件使用信息。

➤ 模板：单击展开【模板】按钮，可以根据绘图任务的需要选择SketchUp模板，如图1-7所示。模板间最主要的区别是单位的设置，此外显示的风格与颜色上也会有区别。

了解并设置相关参数后，单击【开始使用SketchUp】按钮，即可进入图1-8所示的SketchUp 2013工作界面。该默认工作界面十分简洁，主要由菜单栏、主工具栏、状态栏、数值输入框以及中间空白处的绘图区构成。

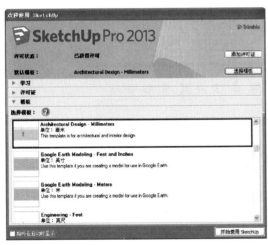

图1-7　SketchUp 2013开启界面

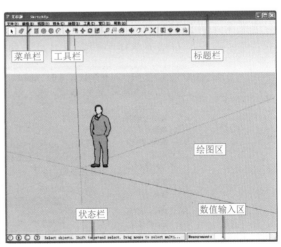

图1-8　SketchUp 2013工作界面

1.2.1 菜单栏

菜单栏含有SketchUp几乎所有命令，其栏下又分为【文件】、【编辑】、【视图】、【镜头】、【绘图】、【工具】、【窗口】以及【帮助】8个主菜单构成，单击这些主菜单可以打开相应的"子菜单"以及"次级子菜单"，如图1-9所示。

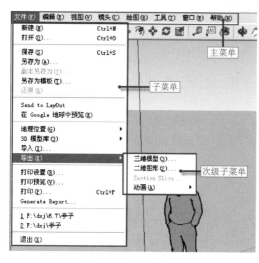

图1-9　菜单栏组成

【文件F】：主要涉及新建、保存、导入导出、打印、3D模型库以及最近打开记录功能。

【编辑E】：主要涉及具体操作过程中的撤销返回、剪切复制、隐藏锁定和组件编辑等功能。

【视图V】：主要涉及各类显示样式、隐藏几何图形、阴影、动画以及工具栏选择等功能。

【镜头C】：主要涉及视图模式、观察模式、镜头定位等功能。

【绘图R】：包括六个基本的绘图命令和沙盒地形工具。

【工具T】：主要涉及测量和各类型的辅助、修改工具。

【窗口W】：主要涉及基本设置、材质组件、阴影柔化、扩充工具等方面的弹出窗口栏。

【帮助H】：主要涉及开启界面、帮助以及软件支持、许可证等基本信息。

技巧：菜单栏中标有各个命令的快捷键，要成为SketchUp的熟练使用者，一定要记住多观察并且使用快捷键。

1.2.2　主工具栏

默认状态下，SketchUp 2013仅有横向主工具栏，主要为【绘图】、【测量】、【编辑】、【相机】等工具组按钮。选择【视图】|【工具栏】命令，打开"工具栏"对话框，勾选或取消勾选某个工具栏复选框，可以调出或关闭相应工具栏，如图1-10所示。在工具栏图标上点击右键，弹出的右键菜单栏中同样可以对工具栏的内容进行调整，如图1-11所示。

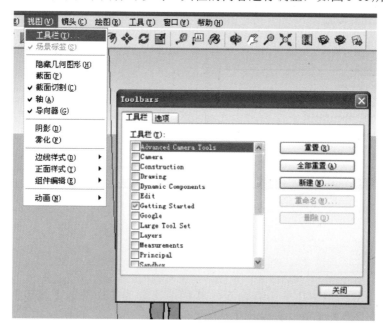

图1-10　调出其他工具栏

"工具栏"对话框"选项"选项卡,可以对工具栏的属性进行编辑,如取消"大图标"复选框勾选,可以使界面图标变小,如图1-12所示。例如建模时,可以直接调出以下工具栏:大工具栏、图层、样式、视图、仓库、实体工具、沙盒以及标准,其他工具栏可以根据需要及时打开。

提示:为了便捷快速地使用软件,可以根据自己绘图需要选择工具栏,并拖至合适位置,再次开启即可显示设置好的工具栏位置。并且就算将窗口缩小,工具栏也不再会乱成一团了。这是SketchUP 2013在SketchUp 8基础上的重大改进。

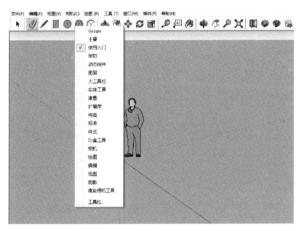

图1-11　选择工具栏内容

图1-12　调整工具栏属性

1.2.3　状态栏

状态栏是显示当前工具状态或者对使用工具或者实体信息进行提醒的一个动态栏,在不清楚如何继续操作时可以参考状态栏的提示。如图1-13所示,状态栏在绘制【矩形】的时候,显示了对下一步如何使用矩形工具的具体描述。

状态栏左侧有几个快捷按钮,单击按钮可以打开相应的对话框,以快捷设置相关参数。

🔅、🔆是"模型信息"对话框"地理位置"和"模型作者"两个选项卡快速开启按钮,如图1-14所示。

◎按钮用于登陆Google网站,可以方便地上传及下载模型。

❓是工具向导按钮,单击该按钮可以显示当前所使用工具的帮助说明。

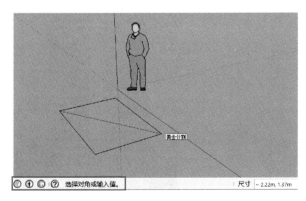

图1-13　状态栏

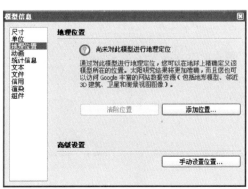

图1-14　"模型信息"对话框

1.2.4 数值输入区

数值输入区是SketchUp显示所建模型的长度、宽度、角度等基本维度数值大小的区域,如图1-15所示。同时在选择相应工具后,直接输入需要的数值,能对模型大小、形状及角度进行精确控制,还可以通过输入特殊的数值字母,进行特殊的复制操作,如图1-16所示。

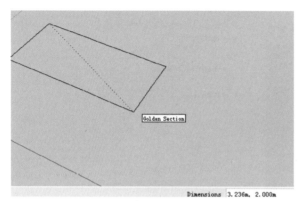

图1-15 数值输入区实时显示

图1-16 用"移动"工具偏移复制

1.2.5 绘图区

绘图区占据了SketchUp工作界面大部分的空间,与Maya、3ds Max等大型三维软件平、立、剖及透视多视口显示方式不同,SketchUp仅设置了单一窗口,通过对应的工具按钮或快捷键,可以快速地进行各个视图的切换,如图1-17～图1-20所示,有效节省系统显示的负载。

提示:除对平、立、剖各个视图进行切换以外,还应该注意选择相应的透视或平行等视图模式,以方便作图与观察。

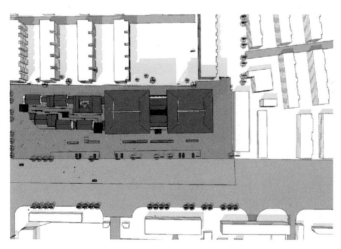

图1-17 顶平面图

图1-18 立面图

图1-19　透视效果图

图1-20　剖立面图

1.3　设置绘图环境

1.3.1　设置单位

开启软件之后，现有默认单位为选择的相应模板所附带的单位，除重新选择模板更换单位之外，还可以执行"窗口"菜单栏中"模型信息"命令，打开其中"单位"页面，长度单位保持格式为"十进制"即"Decimal"，并将单位改为米、毫米或者是需要的其他单位，同时可以根据单位修改绘图精度，确保绘图便利准确。角度单位可调整精确度，也可将自动捕捉角度调整为需要的大小，如图1-21所示。

提示： 在进行导入CAD文件或导出3Ds文件等相关软件转换时，应该注意模型单位应与转换软件的单位相一致，避免单位错误导致的图形尺寸不准确。

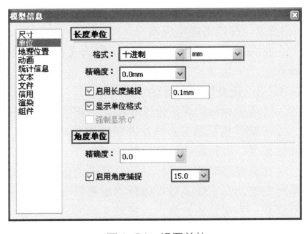

图1-21　设置单位

1.3.2　设置场景坐标系

场景坐标系是模型整体的一个定位，其具体位置关系到"阴影"、"视图"等相关信息。图1-22为坐标系对阴影的影响，可以观察到同样大小的方块在不同高度时，阴影的大小与位置有着相应的变化。可见正确的场景坐标系，对正确建立模型有着至关重要的作用。

1.3.2.1　关闭场景坐标系

默认的场景坐标系可以关闭，主要有两种方式（如图1-23）：

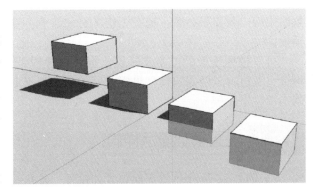

图1-22　坐标系对阴影的影响

➤ 在坐标系上直接点击右键关闭。

➤ 取消勾选【视图】菜单栏中"轴"命令。

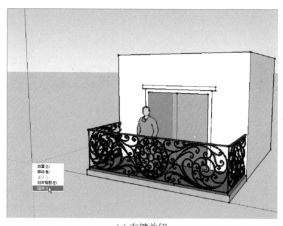
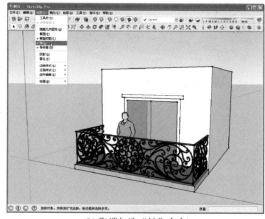

(a) 右键关闭   (b) 取消勾选"轴"命令

图1-23 关闭场景坐标系方式

1.3.2.2 开启场景坐标系

在关闭了场景坐标系之后，勾选【视图】菜单栏中"轴"命令，即可显示原有场景坐标系。

1.3.2.3 重新定位坐标轴

绘图坐标轴的正常位置和朝向，相当于其他三维软件的"世界坐标系"。

在原有坐标轴上，执行右键菜单栏中"移动"，可以输入红、绿、蓝轴移动的距离和旋转的角度，以精确移动坐标轴。

在需要临时调整坐标轴的位置的情况下，可以激活坐标轴工具或者在绘图坐标轴上点击鼠标右键，在右键菜单中选择"放置"，或点击工具栏中"坐标轴"，再对坐标轴位置方向进行调整。先定位新的原点，拖动光标来放置红轴、绿轴，使用参考捕捉来准确对齐，再点击鼠标左键确定。这样就重新给坐标轴定位了。蓝轴会自动垂直新的红、绿轴面。

1.3.3 使用模板

打开【帮助】菜单，点击"欢迎使用SketchUp"按钮，在窗口中点击"选择模板"按钮，选择相应模板，然后点击"开始使用SketchUp"按钮，如图1-24所示。再点击【文件】菜单中的"新建"命令，视图工作区将会改变为选择的模板式样，再点击新建 📄，即可改换模板。

可以根据模板的提示及预览选择使用模板。例如图1-24黑色框选的模板就是以毫米为单位、灰色背景的建筑模型模板。又如要实现平面到模型的转换建立，可以选择以米或者毫米为单位平面模板。

1.3.4 设置模型显示样式

SketchUp是一个直接面向设计的软件，提供了多种对象显示效果以满足设计方案的表达需求，让甲方能够更好地了解方案，理解设计意图。

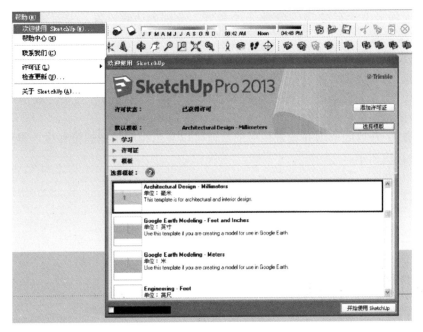

图1-24　重新选择模板

　　默认的模型样式是依据当前选定的模板中默认项，可以执行【窗口】菜单栏中"样式"命令。其中有"选择"、"编辑"、"混合"选项卡，"选择"为设定SketchUp中自带的多种风格的样式，可以迅速转换样式，如图1-25所示，"编辑"为对已选择的样式进行细节的编辑，如图1-26所示，"混合"则包含有前两项。

技巧：当所有已有的模板都不符合使用习惯时，可以在设置调整好模型信息、风格、系统信息等基本参数之后，执行【文件】中"另存为模板"菜单命令，生成一个新模板，以备使用。

图1-25　"选择"选项卡

图1-26　"编辑"选项卡

"编辑"选项卡中含有 ⬚⬚⬚⬚⬚ 五个模式，分别为边线设置、平面设置、背景设置、水印设置、建模设置。

（1）边线设置　该选项用于控制几何体边线的显隐、粗细以及颜色等。

"显示边线"：勾选此选项可以显示物体边线，取消勾选则隐藏边线，如图1-27所示。

"显示后边线"：勾选此选项可以虚线显示模型背部被遮挡部分线条，取消勾选则不可见，如图1-28所示。

"显示轮廓"：开启此选项并设置相应的数值可以显示相应粗细的轮廓线，得到需要的效果图形，如图1-29所示。

(a) 开启　　　　　　　　　　　　　　　　(b) 关闭

图1-27　显示边线设置

(a) 关闭　　　　　　　　　　　　　　　　(b) 开启

图1-28　显示后边线设置

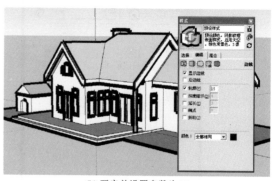

(a) 关闭　　　　　　　　　　　　　　　　(b) 开启并设置参数为15

图1-29　显示轮廓线设置

　　"深度暗示"：开启此选项并设置相应的数值可以显示相应粗细的边线，如图1-30所示，可以观察到越近的线条越粗，越远的线条越细。

(a) 关闭

(b) 开启并设置参数为8

图1-30　深度暗示设置

　　"延长"：开启此选项并设置相应的数值可以将边线延长相应的长度，可以制作类似草图效果，如图1-31所示。

(a) 关闭

(b) 开启并设置参数为8

图1-31　边线延长设置

　　"端点"：开启此选项并设置相应的数值可以为边线两端增加相应大小端点，如图1-32所示。

(a) 关闭

(b) 开启并设置参数为9

图1-32　显示端点设置

"抖动"：开启此选项并设置相应的数值可以将边线延长相应的长度，可以制作类似草图效果。如图1-33所示。

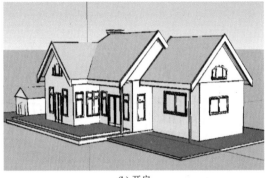

(a) 关闭　　　　　　　　　　　　　　　　(b) 开启

图1-33　显示抖动设置

"颜色"：开启此选项并选择相应颜色或选择依据材质上色，可以使边线显示相应颜色。如图1-34所示。

(a) 颜色（红色）模式　　　　　　(b)依据材质模式　　　　　　(c)按轴模式

图1-34　边线颜色设置

（2）平面设置　此选项可以更改正背面模型颜色、图形显示样式以及是否显示透明度，如图1-35所示。

提示：其中透明度的质量关系到模型成像质量，分"快速"、"中等"、"良好"三个级别，成像效果依次优化，但更好的质量效果所需要占用的内存更大，所需消耗的时间更多，所以在建立大型模型的时候尽量降低甚至关闭透明效果，直到完成模型，出图的时候再把透明度质量调整为更高等级。

（3）背景设置　此选项可以更改背景、天空以及地面的颜色。如图1-36所示。勾选"天空"、"地面"可以设置或取消其颜色显示，同时，点击"背景"、"天空"、"地面"之后的色块可以更改其至需要的颜色。

图1-35　平面设置面板　　　　　　　　　图1-36　背景设置面板

地面选项中，还可以更改其显示的透明度以及从地面以下是否可以观察到地面颜色。

（4）水印设置　水印特性可以在模型周围放置2D图像，用来创造背景，或者在带有纹理的表面上模拟绘图效果。此选项可以为建立的模型添加水印作为标示，或防止被他人盗取。

（5）建模设置　此选项可以设置一些模型基本配置，可分为"颜色"、"显隐"以及"透明度"三个内容，如图1-37所示。

下面通过具体实例讲解模型显示样式的设置方法。

【实例1-1】设置如图1-38所示的模型显示效果

制作步骤如下：

（1）开启SketchUp。双击打开已有的建筑模型文件，如图1-39，可以观察到背景为灰色、天空色彩为灰色，并且其单位为"毫米（mm）"，边线为默认设置。

（2）编辑天空、地面色彩。打开"窗口"菜单栏中"样式"命令，选择"编辑"中"平面设置 ▢"，将面板中天空与地面勾选并把颜色分别更改为蓝色和绿色，微调地面的透明度，如图1-40，以完成背景更改。

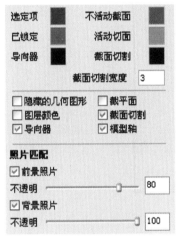

图1-37　建模设置面板

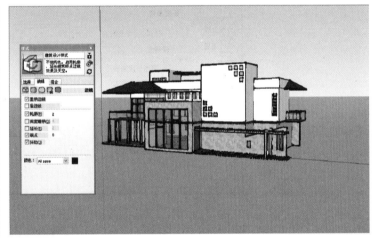

图1-38　需要完成的模板样式

图1-39　开启界面

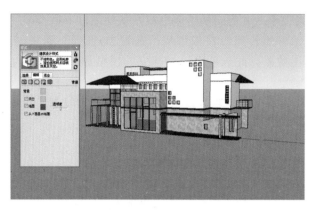

图1-40　更改天空、地面颜色

（3）更改单位。打开"窗口"菜单栏中"模型信息"命令，在单位面板中，将"毫米"改成"米"，提高精确度，以优化作图效果，如图1-41所示。

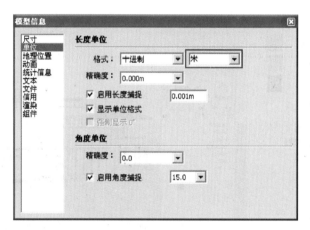

图1-41　设置单位

（4）更改边线样式。选择"编辑"中"边线设置　"，将"轮廓"、"端点"、"抖动"分别打开，并设置轮廓数值为2，端点数值为8，可以得到最终的效果，如图1-42所示。绘制多个矩形和圆形，以观察边线样式是否符合要求。

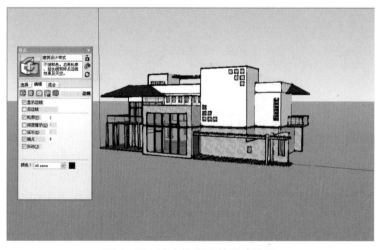

图1-42　改变线型调整手绘效果

（5）保存模板并打开模板。删除其中多余物体，并点击工具栏中 透视效果图标，调整好角度，再执行"选择"菜单栏中"另存为模板"命令，即完成模板的保存，如图1-43所示。如再重新打开SketchUp可以发现，默认模板已经改为之前保存的模板（见图1-44）。

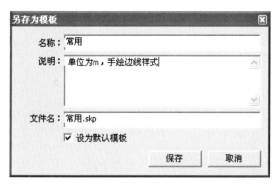

图1-43　另存为模板

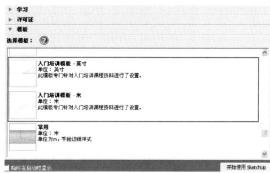

图1-44　打开常用模板

1.4　本章小结

本章对SketchUp 2013软件作出了一个综合的概述，包括对基本界面的介绍、绘图环境的设置，是开始使用SketchUp的基础。

通过这章的学习，要了解SketchUp 2013软件的基本原理，同时知道设置绘图环境的操作方式。特别需要注意，SketchUp操作之前的单位设置与模板选择，只有在最佳的模板与适宜的单位设置情况下，才能快速并准确的建立模型。

1.5　思考与练习

【练习1-1】SketchUp 2013中都有哪些菜单栏？当没有任何工具栏时如何打开工具栏？

SketchUp中有【文件】、【编辑】、【视图】、【镜头】、【绘图】、【工具】、【窗口】以及【帮助】8个菜单栏，当安装了插件之后，还会出现一个【插件】菜单栏。

当工具栏全部被关闭，可执行【视图】菜单栏中工具栏命令，打开【工具栏】面板。

【练习1-2】快速建立一个准确的模型的准备步骤有哪些？

（1）开启SketchUp，并选择合适的模板。

（2）当设置好的模板中单位不符合要求时，打开【模型信息】窗口菜单栏中【单位】面板。

（3）更改边线、背景等设置，使其更符合使用习惯。例如：为加速建模可以打开【样式】窗口菜单栏，选择简单的预设样式，关闭其他轮廓等装饰线，仅仅显示边线。

（4）优化工具栏，将常用工具整理在工具栏中，关闭不常用工具栏，以节约绘图空间。

第 **2** 章
SketchUp 2013 绘图工具

SketchUp快捷工具栏有大工具栏（主要含有主要、绘图、编辑、构造、相机五个工具栏以及截面工具）、开始（含有基本的多种命令）、图层、样式、视图、模型库、截面、实体工具、沙盒、高级镜头、阴影、Google、动态组件以及标准工具栏。

在建模时常常用到的绘制工具栏主要有大工具栏、模型库、实体工具以及沙盒工具栏，可以基本满足包括绘图、编辑修改模型以及管理模型等功能。当建立室内模型时可再打开并使用截面工具栏绘制截面，方便观察与绘制模型。

本章将介绍SketchUp 2013的常用工具，包括如何设置工具栏、常用工具栏工具的具体用法以及其他一些注意事项，通过本章的学习，可以掌握使用SketchUp 2013建立并修改模型的操作方法。

2.1　绘图工具栏

绘图工具栏如图2-1所示，含有【矩形】 ▨ 、【铅笔】 ✏ 、【圆形】 ◉ 、【圆弧】 ◌ 、【多边形】 ⬡ 、【徒手线】 ⌇ 共六个绘图工具，是SketchUp中最基本的二维绘制工具。

图2-1　绘图工具栏

2.1.1　绘制矩形

【矩形】工具是通过指定矩形的两个对角点来完成绘制的，可以通过输入数值并根据其状态栏、绘图区的提示来绘制固定大小或黄金分割比的矩形。

2.1.1.1　【矩形】工具的激活

【矩形】工具的激活有三种方式：
➢ 选择【绘图】菜单栏【矩形】命令；
➢ 直接点选工具栏中绘制矩形的图标 ▨ ；
➢ 键入"R"快捷键。

2.1.1.2　绘制矩形

在激活矩形工具后，可直接在两个不同位置点击鼠标左键，即可创建任意大小的矩形，如图2-2所示。

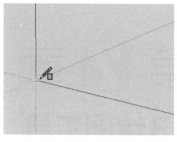
(a) 在原点处单击左键绘制矩形角点

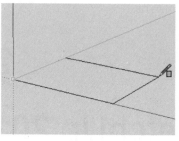
(b) 拖出矩形面积

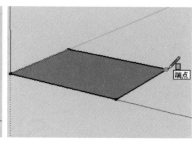
(c) 单击鼠标完成矩形绘制

图2-2　鼠标点击绘制矩形

如果要创建指定大小的矩形，可以在指定一个矩形角点之后，输入数字"*,*"表示长宽数值，然后按下键盘上的"回车（Enter）"键确认，如图2-3所示。

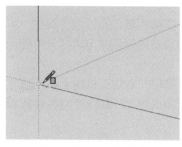
(a) 单击左键绘制矩形角点

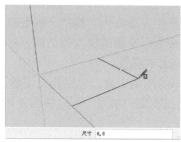
(b) 拖移鼠标、键入"6,6"

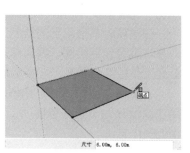
(c) 按"回车"键完成绘制

图2-3　创建指定大小矩形

当绘制的矩形长宽比满足0.618的黄金分割比率时，矩形内部将出现一条虚线，此时单击鼠标即可创建满足黄金分割比的矩形，如图2-4所示。

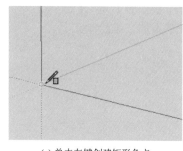
(a) 单击左键创建矩形角点

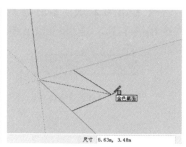
(b) 满足黄金分割比的矩形

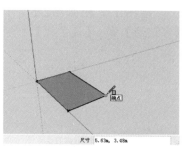
(c) 再次点击鼠标完成绘制

图2-4　捕捉黄金分割线（或方线帽）绘制矩形

技巧：在创建矩形一个角点之后，直接输入数值"*"将生成一个X轴长为"*"、Y轴宽为鼠标所在位置宽度的矩形，若输入逗号加数值"，*"可生成一个Y轴宽为"*"、X轴长为鼠标所在位置长度的矩形。

【实例2-1】绘制如图2-5所示相框模型

（1）绘制相框的外轮廓。鼠标左键单击原点创建相框的第一个角点，并沿蓝轴方向拖出矩形，如图2-6所示。

（2）键入"0.212,0.162"确定矩形大小，接"回车"键，完成相框外轮廓的创建，如图2-7所示。

（3）绘制相框内部装饰轮廓。在矩形的左上角点和右下角点分别绘制"0.025,0.025"两

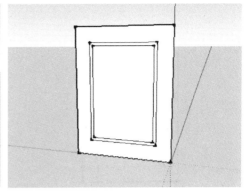

图2-5　相框模型

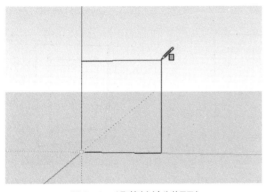

图2-6　沿蓝轴绘制矩形

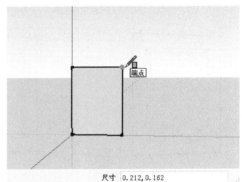

图2-7　键入"0.212, 0.162"

个辅助正方形，如图2-8所示。

（4）用矩形工具连接两个小正方形孤立的角点，创建相框中间的矩形，如图2-9所示。

（5）用Delete键删除多余的线段，如图2-10所示。

（6）使用同样方法，再在中间矩形两个角点处，各绘制一个"0.005,0.005"辅助正方形，如图2-11所示。

（7）再次连接两个小正方形孤立角点，如图2-12所示。

（8）用"Delete"键选择删除蓝色高亮部分多余的线段，完成相框内部轮廓创建，如图2-13所示。

（9）整个相框平面模型创建完成，最终效果如图2-14所示。

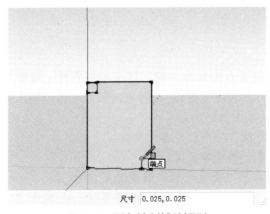

图2-8　两角绘制辅助矩形

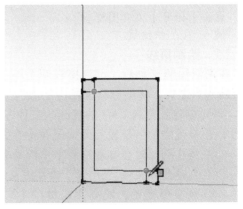

图2-9　连接辅助正方形

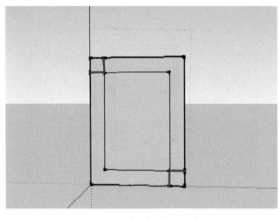

图2-10　删除红色部分线条　　　　　　图2-11　键入"0.005, 0.005"

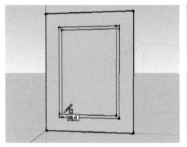

图2-12　连接辅助正方形　　　图2-13　删除红色部分线条　　　图2-14　背面观察相框模型

2.1.2　绘制直线

　　使用【铅笔】工具 ✎ 可以在平面上绘制直线，其绘制原理基于两点成线，【铅笔】工具除基本的绘制直线功能之外，还可以通过绘制直线来创建面或者是打断已有的线条。

　　注意在SketchUp中，一条线段的基本属性是有两个端点和一个中点，这是线条捕捉的三个基点。

2.1.2.1　【铅笔】工具的激活

　　【铅笔】工具有以下三种启用方式：

➤　选择【绘图】菜单栏【铅笔】工具命令；

➤　点击【铅笔】工具图标 ✎ ；

➤　键入"L"快捷键。

2.1.2.2　绘制直线

　　在激活铅笔工具后，可直接在两个不同位置点击鼠标左键，即可绘制直线；或者在创建直线起点之后，将鼠标移至相应的方向（可以通过捕捉轴），再点击鼠标左键或输入数值"*"，即可创建长度为"*"的直线。三种方法如图2-15所示。

技巧：①　当线在同一平面且又呈闭合状态的时候，一个面将自动生成；

　　　②　线在创建时会自动检测出平行或垂直于轴线等状况；

　　　③　创建线时按住"Shift"键可约束线平行或垂直于轴线的状况；

　　　④　线在创建时，配合方向键"↑"、"↓"使用，使得线束缚在轴上，配合"←"、"→"使用，使得线分别束缚在绿轴和红轴上。

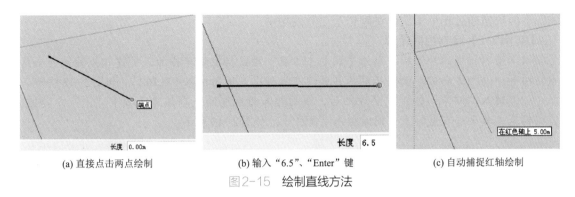

(a) 直接点击两点绘制 　　　　(b) 输入"6.5"、"Enter"键 　　　　(c) 自动捕捉红轴绘制

图2-15　绘制直线方法

2.1.2.3　直线补面

【铅笔】工具除基本的绘制功能之外，还有补面功能，在一个平面闭合的线框上，可以通过在边线上绘制一段直线，或连接线框上任意两点，即可完成补面操作，如图2-16所示（b）图蓝色部分为用【铅笔】工具绘制的线段。但是要注意，当直线仅连接线框上一点时，是不能成面的。

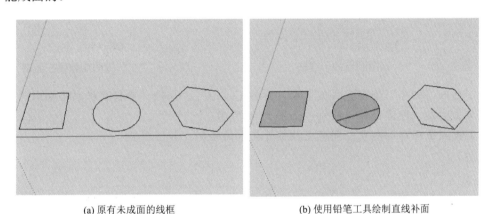

(a) 原有未成面的线框 　　　　　　　　(b) 使用铅笔工具绘制直线补面

图2-16　直线补面

2.1.2.4　线的打断

【铅笔】工具在使用时，如果一条线被另外一条线从中间穿过，或另外一条线以一条线上的点为起点，那么，无论第一条线在不在一个平面上，都将会被划分两条线段，如图2-17所示。

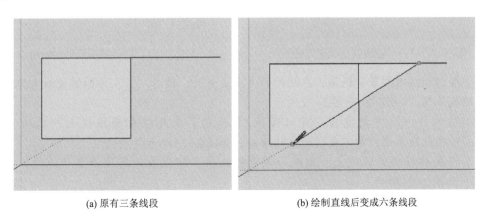

(a) 原有三条线段 　　　　　　　　(b) 绘制直线后变成六条线段

图2-17　线的打断

下面仍然通过相框实例，讲解铅笔工具的用法。

【实例2-2】绘制相框轮廓

（1）绘制相框的外轮廓。激活【铅笔】工具，用鼠标左键单击原点创建相框的第一个角点，按下"→"方向键，使得铅笔工具束缚在红轴上，同时输入"0.162"，如图2-18所示。

（2）键入"回车"绘制完底边之后，线的起点为底边的一个端点，按下"↑"方向键，使得铅笔工具束缚在蓝轴上，同时输入"0.212"，如图2-19所示。

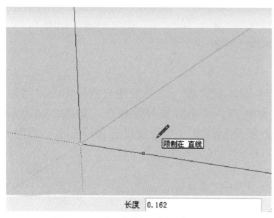

图2-18　"→"键限制直线于红轴　　　　图2-19　"↑"键限制直线在蓝轴

（3）键入"回车"绘制完成侧边后，再按下"→"方向键，并将鼠标移至矩形的起始角点后，单击左键，即完成顶边绘制，如图2-20所示。

（4）再点击矩形的起点，即完成相框外轮廓的绘制，如图2-21所示。

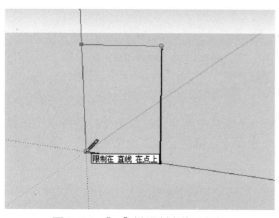
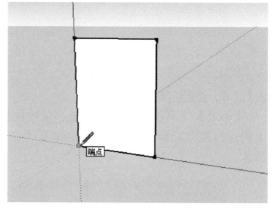

图2-20　"→"键限制直线于红轴　　　　图2-21　自动捕捉矩形起始角点

（5）绘制相框内部装饰轮廓，在矩形的左上角点处，键入"↑"方向键使线束缚在蓝轴上，并输入长度"0.025"，如图2-22所示。

（6）键入"→"方向键后，可以发现，【铅笔】工具能自动捕捉上一次输入长度"0.025m"，在此处单击，即完成辅助线的绘制，如图2-23所示。

（7）将鼠标移动到边线上，出现一条紫色线条，即代表该线段垂直于边线，并输入"0.112"，如图2-24所示。

（8）键入"Enter"完成内部装饰轮廓顶线绘制后，键入"↑"方向键使线束缚在蓝轴上，并输入"0.112"，如图2-25所示。

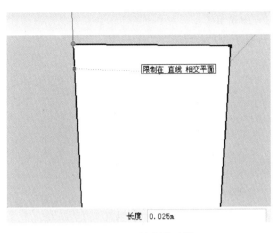

图2-22 创建辅助线

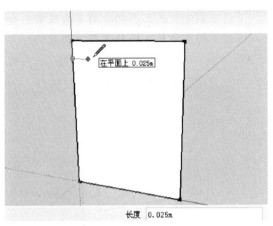

图2-23 创建辅助角点

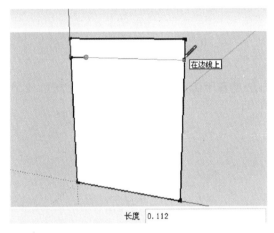

图2-24 自动检测垂直绘制法

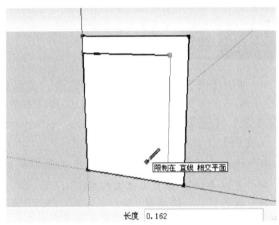

图2-25 "↓"键束缚绘制

（9）键入"回车"绘制完成上一步线条，将鼠标移动到小矩形左下角位置，将出现如图2-26所示自动捕捉，单击鼠标左键，完成小矩形下边绘制。

（10）再点击内部小矩形的起点，完成内部小矩形的绘制，如图2-27所示。

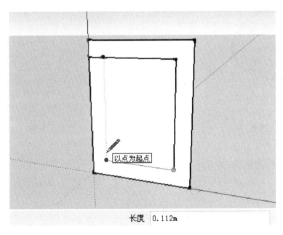

图2-26 自动捕捉两点间的垂直点

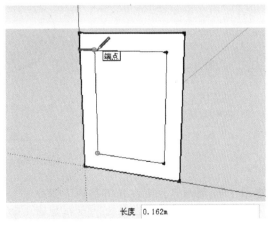

图2-27 连接捕捉到的端点

（11）删除红色高亮部分的多余线条，如图2-28所示。

（12）同上步骤，绘制内部内侧装饰矩形，如图2-29所示。

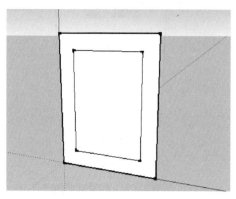

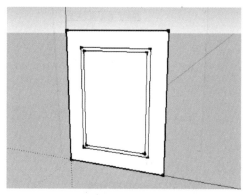

图2-28　删除多余线条　　　　　　图2-29　同上步骤绘制内部内侧矩形

2.1.3　绘制圆形

使用【圆】工具 ⊘ 可以绘制圆形。其创建方法是基于圆心位置、圆形面的位置以及半径长度三个参数在三维立体空间中绘制二维的圆形的。

2.1.3.1　【圆】工具的激活

【圆】工具有以下三种启用方式：

➤　选择【绘图】菜单栏中【圆】工具命令；

➤　直接点击【圆】工具图标 ⊘ ；

➤　键入"C"快捷键。

2.1.3.2　绘制圆形

在激活工具后，可直接在两个不同位置点击鼠标左键，即可绘制相应大小的圆形；也可在创建圆心之后，输入数值"*"创建半径为"*"的圆形或者通过捕捉圆心到其他点的长度作为半径创建圆形。三种绘制方法见图2-30。

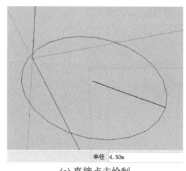
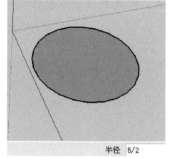
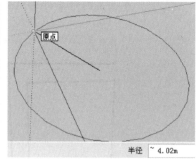

(a) 直接点击绘制　　　　　　　(b) 输入"5/2"　　　　　　　(c) 捕捉原点绘制圆形

图2-30　绘制圆形方法

提示：① 圆形可约束在任何平面上创建；

　　　　② 圆形的边由一条条短直线组成，圆形越大直线显示就越不平滑；

　　　　③ 圆形可通过边数的设置创建更圆滑的圆形。

【实例2-3】绘制特定大小的圆

绘制圆形边数为36，圆心位于原点，半径为8m的圆形。

（1）激活圆形命令。如图2-31所示，可以观察到数值输入区显示"侧面"数24，即圆形的边数为24边。

（2）更改边数。直接输入数值"36"，敲击回车键，边数即改为36，如图2-32所示。

（3）创建圆形。用鼠标左键点击原点作为圆心，如图2-33所示。

（4）再创建一个半径为8的圆形即可，如图2-34所示。

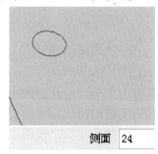

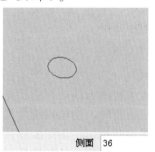

图2-31 激活圆形命令　　　　图2-32 更改边数

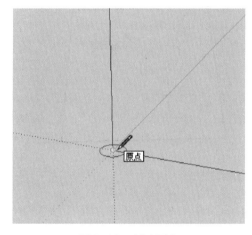

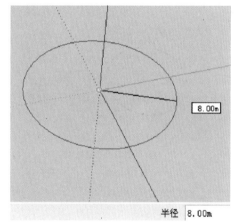

图2-33 创建圆心　　　　图2-34 键入"8"、"回车"完成绘制

2.1.4 绘制弧线

使用【圆弧】⊘工具可以绘制弧线。绘制弧线是基于弧线的两个端点以及弧线中点的位置来确定弧线的弧度及长短。弧线也由多条短直线组成，与【圆】命令绘制的圆类似。

2.1.4.1 【圆弧】工具的激活

【圆弧】工具有以下三种启用方式：

➢ 选择【绘图】菜单栏中【圆弧】工具命令；

➢ 直接点击【圆弧】工具图标⊘；

➢ 键入"A"快捷键。

2.1.4.2 绘制弧线

在激活工具后，可直接在三个不同位置点击鼠标左键，即可绘制相应弧度的弧线，如图2-35所示；也可在创建一个端点后，先后两次输入数值"X"、"Y"创建两个端点间长"X"、中点到两个端点连线上的距离为"Y"的弧线，如图2-36所示；也可以用捕捉方法。

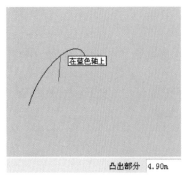
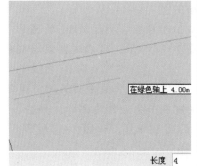
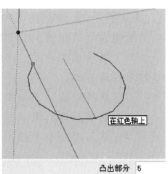

图2-35　直接绘制弧线　　　　　　图2-36　先后输入"4"、"5"创建弧线

2.1.4.3　弧线的相切

弧线命令可以自动检测弧线的相切状态，包括与上一次绘制的弧线或圆形相切，以及与线条相切。当弧线呈蓝色时，则该弧线与其相接的元素相切。

（1）绘制的弧线与圆相切，如图2-37所示，光标处会显示"在顶点处相切"的提示。

（2）绘制的圆弧与已有的一条弧线相切，如图2-38所示。

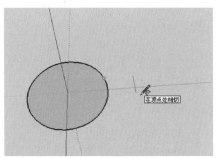
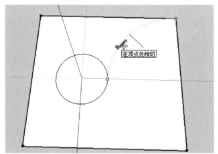

(a) 弧线与已有的圆相切　　　　　　(b) 在面上与圆相切

图2-37　与圆相切方式

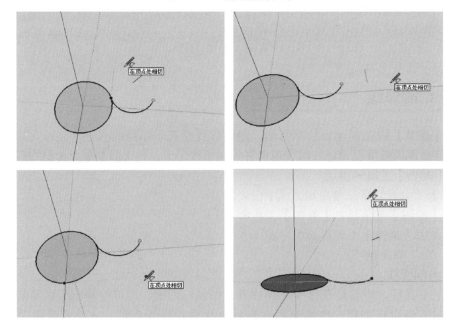

图2-38　与已有的一条弧线相切方式

（3）弧线与边线相切。与一条边线相切，分与边线端点和边线上的点相切两种情况，如图2-39所示。

（4）与两条线相切，分平行以及非平行（如垂直）两种情况，如图2-40和图2-41所示。

提示： ① 一段圆弧在创建完进行接点创建时，后一段圆弧将自动检测与上一段圆弧的正切点位置。

② 圆弧同样也由短线段组成，可以在激活命令后更改圆弧的短边数量。

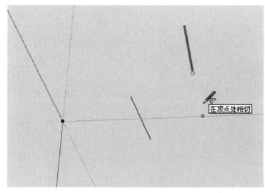

(a) 弧线与红色线条端点相切

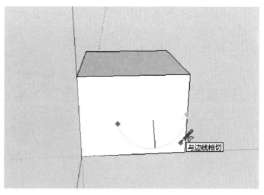

(b) 弧线与边线相切（在平面上）

图2-39　与一条边线相切方式

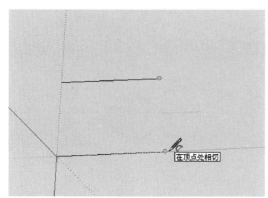

(a) 平行线外侧相切

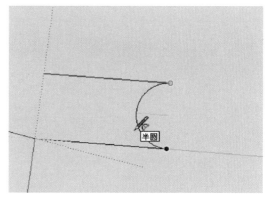

(b) 平行线内侧半圆相切

图2-40　与平行线相切方式

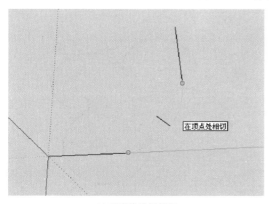

(a) 垂直线外侧相切

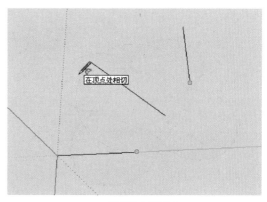

(b) 垂直线内侧相切

图2-41　与两条垂直线（或其他线）相切

【实例2-4】绘制地面拼花如图2-42所示

（1）绘制辅助正方形。先键入"R"【矩形】快捷键，开启矩形工具，依据自动捕捉，绘制一个矩形，如图2-43所示。

（2）绘制外部四个花瓣。键入"A"【圆弧】快捷键，以正方形一边两个角点为弧线的端点，并移动鼠标向外拖出一段距离，如图2-44所示。

（3）使用同样方法，继续绘制剩余花瓣的轮廓线，如图2-45所示。

（4）绘制花朵内部纹样。绘制辅助线，键入"L"【铅笔】快捷键，连接正方形的两个对角的对角线，如图2-46所示。

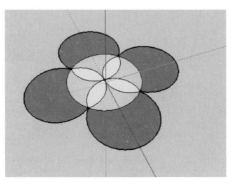

图2-42　四瓣花

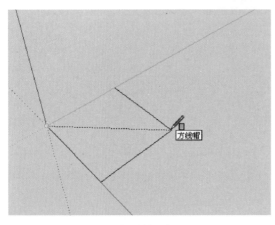

图2-43　使用捕捉绘制正方形

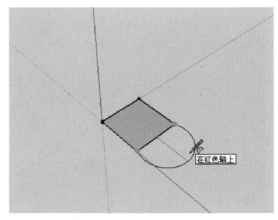

图2-44　绘制花瓣一

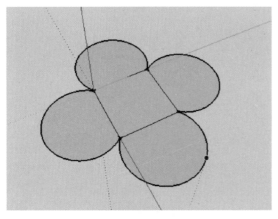

图2-45　绘制所有花瓣

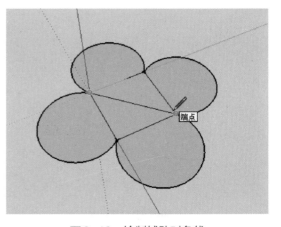

图2-46　绘制辅助对角线

（5）键入"A"【圆弧】快捷键，以正方形一边两个角点为弧线的端点，并移动鼠标向内拖移至对角线中点，如图2-47所示。

（6）同上两步骤，绘制剩余三条内部纹样线，如图2-48所示。

（7）键入"C"【圆】快捷键，绘制以对角线中点为圆心，以对角线一半长度为半径的圆形，绘制圆如图2-49所示。

（8）选择红色高亮部分多余线条，并用"Delete"键删除，如图2-50所示。

（9）选择所有面，点击鼠标右键，选择【翻转平面】命令，并为拼花上色，如图2-51所示。拼花图案绘制完成。

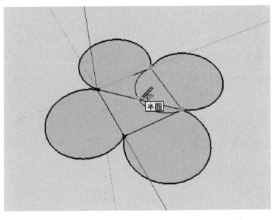

图2-47　绘制内部纹样一　　　　　　　　图2-48　绘制其他内部纹样

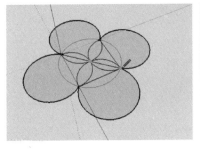　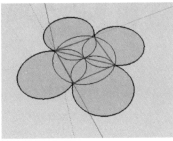　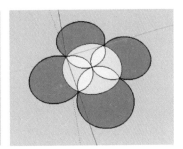

图2-49　绘制圆形　　　　图2-50　删除红色部分线条　　　　图2-51　翻转面并上色

2.1.5　绘制多边形

使用【多边形】工具 ⬢ 可以绘制多边形。其创建方法是以外接圆参数以及多边形边数为基础的。

2.1.5.1　【多边形】工具的激活 ◈

【多边形】工具有以下两种启用方式：

➤　选择【绘图】菜单栏中【多边形】工具命令；

➤　直接点击【多边形】工具图标 ⬢。

技巧：多边形命令默认没有快捷键，选择【窗口】|【参数设置】命令，在打开的"系统属性"面板中选择【快捷键】页面，可以设置相应的快捷键。

2.1.5.2　绘制多边形

在激活工具后，如果边数不是默认的边数，可先输入需要的边数（如8），再在两个不同位置点击鼠标左键或输入数值，即可绘制相应大小、边数的多边形，方法如图2-52所示。

(a) 输入边数

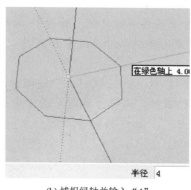
(b) 捕捉绿轴并输入"4"

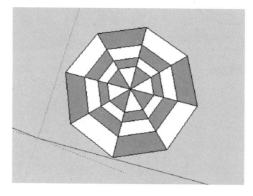
(c) 完成绘制

图2-52　绘制多边形方法

技巧：①多边形可约束在任何平面上创建；
　　　②多边形和圆形可通过边数的设置进行互换创建。

【实例2-5】使用【多边形】工具绘制如图2-53所示图案

图2-53　茶杯垫

（1）激活多边形命令。如图2-54所示，可以观察到数值输入区显示"侧面"为6，即多边形的边数为6边。

（2）更改边数。直接输入数值"8"，敲击回车键，边数即改为8，如图2-55所示。

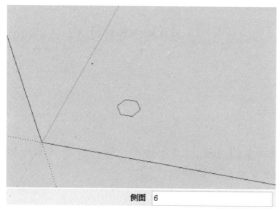
图2-54　激活多边形命令

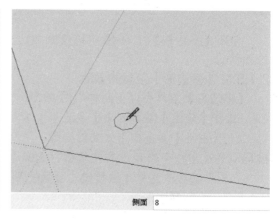
图2-55　更改边数

（3）绘制图形。用鼠标左键在水平面上单击，指定多边形中心，再沿红轴拖移出一定距离，如图2-56所示。

（4）继续绘制多边形。捕捉已经绘制的多边形的中心点，如图2-57所示。

（5）用鼠标沿红轴拖移至如图2-58所示的自动捕捉的位置，完成另一个多边形的绘制。

（6）用同样的方法，再绘制两个八边形，如图2-59所示。

（7）使用铅笔工具，连接八边形八个对角点，如图2-60所示。

（8）为图形上色。选择所有面，点击鼠标右键，选择【翻转平面】命令，并用【油漆桶】工具，为图形填充色彩，得到如图2-61所示效果。

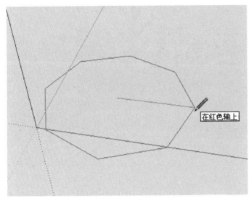

图2-56　拖移出多边形

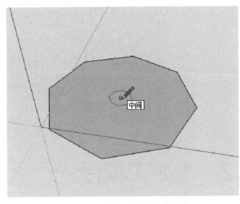

图2-57　找到多边形中心

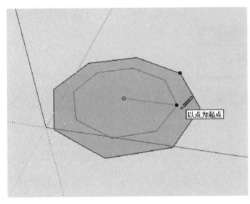

图2-58　自动捕捉角点

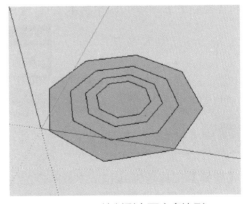

图2-59　绘制剩余两个多边形

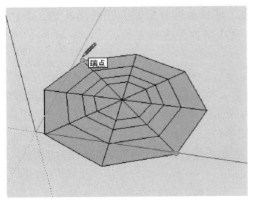

图2-60　连接八个对角线

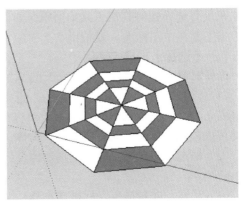

图2-61　翻转并上色

2.1.6 绘制徒手线

使用【徒手线】工具 ⬿ 可在平面上绘制任意形状图形，按下鼠标左键拖移出相应路径，即可绘制图形。当徒手线闭合时，闭合处的线将直接生成面域，如图2-62所示。

【徒手线】工具有以下两种启用方式：

➤ 选择【绘图】菜单栏中【徒手线】工具命令；

➤ 点击【徒手线】工具图标 ⬿。

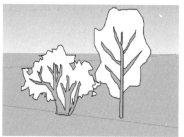

图2-62 绘制徒手线

2.2 主要工具栏

如图2-63所示，主要工具栏有【选择】工具 ▸、【制作组件】工具 ⬡、【油漆桶】工具 ⬥ 和【擦除】工具 ⬧ 共四个基本工具。【主要】工具栏的工具是操作SketchUp的基本工具。

图2-63 主要工具栏

2.2.1 【选择】工具 ▸

【选择】工具是SketchUp中最基本的工具命令，在制图过程当中，常常需要选择相应的物体，因此必须熟练掌握选择物体的方法。

2.2.1.1 【选择】工具的激活

在没有选择任何其他工具的情况下，默认的工具就是选择工具。在使用其他工具之后，可点击工具栏中图标 ▸，或按键盘上"空格键"直接切换至选择工具。

2.2.1.2 【选择】工具的使用

选择对象有直接选择、框选和叉选三种方式。

（1）直接选择。激活选择工具后，直接在模型上单击鼠标左键，可以选择模型的面或线（见图2-64）；在面或线上双击鼠标，可以选择构成面的线和面（见图2-65）；三次点击鼠标左键可以选择当前面或线所在的单个物体（见图2-66）。

（2）框选。向右拖曳鼠标框选物体，线框显示为实线，可以选择全部在框内的物体，如图2-67所示。

（3）叉选。向左拖曳鼠标框选物体，线框显示为虚线，可以选择所有全部或部分在框内的物体，如图2-68所示。

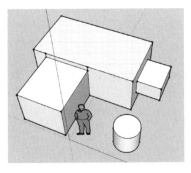
图2-64　单击选择面

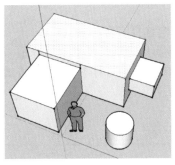
图2-65　双击选择面域

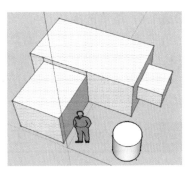
图2-66　三击选择物体

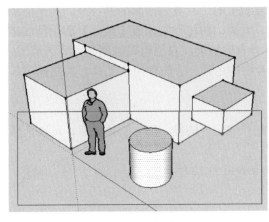
图2-67　框选

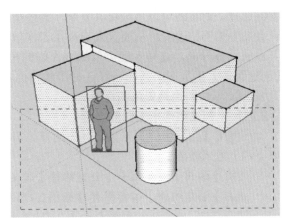
图2-68　叉选

技巧 :【选择】工具可以配合 "Ctrl"、"Shift" 键转换使用 :

① 按住 "Ctrl" 键可以同时加选多个元素，如图2-69所示。

② 按住 "Shift" 键可以同时加选或者减选多个元素，如图2-70所示。

③ 同时按住 "Ctrl"、"Shift" 两个键，可以减选已经选择的元素，如图2-71所示。

合理的搭配使用各种选择工具的选择方法，可以更加快速地选择并对图形进行编辑修改，能大大地提高制图效率。

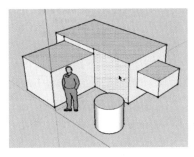
图2-69　加选

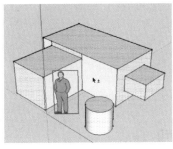
图2-70　加选或减选

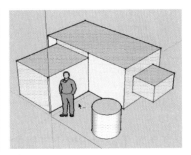
图2-71　减选

2.2.1.3　选择全部物体

　　选择多个物体除激活【选择】工具框选或配合功能键选择外，还可以执行【编辑】菜单栏中【全部选择】命令，或键入其快捷键 "Ctrl" + "A"，快速全部选择。

2.2.1.4　取消选择

在选择了选区之后，需要取消选择有多种方式：

➢ 可以单击绘图区没有任何物体的区域，即取消选择；

➢ 当绘图区充满物体时，可以执行【编辑】|【全部不选】命令，或键入"Ctrl+T"，取消全部选择的选区。

2.2.2　【创建组件】工具

【组件】工具用于管理场景中的模型，当在场景中制作好了某个模型套件（如由拉手、门页、门框、组成的门模型），通过将其制作成【组件】，不但可以精简模型个数，有利于模型的选择，而且还可以直接将其复制，当模型需要调整时，只要修改其中的一个，其他模型也会发生相同的改变，从而大大提高了工作效率。此外，将模型制作成【组件】后，可以将其单独进行导出，这样不但可以将制作好的模型分享给他人，自己也可以随时再导入调用。【创建组件】工具在必须在已经选择了线、面或者物体之后，才能使用该工具。其图标不再是灰色状态 ，而是彩色图标 。

2.2.2.1　【创建组件】工具的激活

在使用【创建组件】工具前，先选择好需要制作成组件的线、面、物体之后，可以选择以下四个方式激活：

➢ 使用【编辑】菜单栏中【创建组件】工具命令如图2-72所示；

➢ 点击【创建组件】工具图标 如图2-73所示；

➢ 键入"G"快捷键绘制矩形如图2-73所示；

➢ 在已选择的物体上单击右键，使用右键菜单栏中【创建组件】（快捷键"C"）命令如图2-74所示。

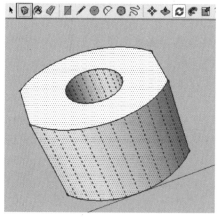

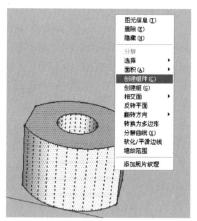

图2-72　菜单栏中选择　　　　图2-73　点击工具栏或键入"G"　　　　图2-74　右键选择

2.2.2.2　【创建组件】工具的使用

【创建组件】工具在激活之后，系统首先打开如图2-75所示的"创建组件"对话框，以设置组件的名称、组件轴、黏接至何处、是否朝向镜头等功能选项。

（1）为组件命名　在名称处添加组件的名称，根据需要填写描述一栏。

（2）更改组件轴　当默认的组件轴不符合需要时，单击【设置组件轴】按钮，鼠标箭头端出现红绿蓝三色立体坐标轴。首先点击创建轴心点，再可依据红轴、绿轴的捕捉，依次点击鼠标左键，可以确定一个三维方向空间一致的坐标系，如图2-76所示。

（3）完成创建与调用　组件参数设置完成后，点击【创建】按钮即完成组件制作。勾选【用组件替换选择内容】复选框，则组件外显示有蓝色的正方体框线，否则该组件外不会有蓝色正方体框线。

执行【窗口】|【组件】命令，打开【组件】面板，单击其中的【模型中】图标 🏠 ，便可以找到当前场景中已创建的组件，如图2-77所示。在组件窗口中，点击鼠标左键拖动组件即可插入组件。

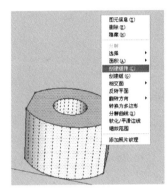

图2-75　激活【制作组件】命令

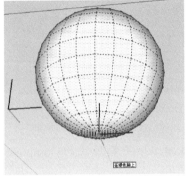

图2-76　设置组件轴

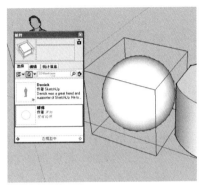

图2-77　完成并调用组件

2.2.2.3　其他选项含义

【创建组件】面板中其他选项含义如下。

➢ 对齐：能使物体对齐到所有特殊的表面；
➢ 设置组件坐标：用于定义组件插入时候的插入点和方向；
➢ 黏接至：用于设置组件能贴合的面的类型；
➢ 切割开口：用于某些需要"开口"的物体，不勾选无法在插入组件时进行"开口"；
➢ 总是朝向镜头：在插入需要随相机的位置而改变方向2D的物体时，需勾选此选项；
➢ 阴影朝向太阳：勾选后，物体的阴影将随太阳的变换而改变。

2.2.2.4　组件的编辑

组件创建后，可以根据需要进行打开、分解等编辑操作。

（1）组件的打开方式有两种，①双击组件打开；②单击右键，弹出右键菜单栏之后，选择【编辑组件】打开组件。

（2）组件的编辑：不同的工具命令编辑组件时候，对是否打开组件有着不同的要求。例如，所有绘图更改、改变部分材质或色彩等命令，只能在打开之后才能对其进行相应命令的编辑，实体工具等命令只能在未打开组件的情况下编辑；而放大缩小比例、全部覆盖同种材质等命令，在打开和未打开的情况下都可以使用。

（3）组件的关闭与还原：组件的关闭方式有三种，①单击组件外任意地方；②按"Esc"退出组件；③在组件外任意处点击右键，在右键菜单栏中选择【关闭组件】。还原方式除基本的"Ctrl"+"Z"退回上一步之外，还可以点击右键选择重载使组件还原成初始状态。

（4）组件的分解：要取消组件，但保留对象物体，可在不打开组件时，在组件上点击右键，使用右键菜单栏中【分解】命令，如图2-78所示。

提示：组件命令的编辑、分解等方式基本与群组的相应方式一致，但群组只是简单地把图形元素组成一个群组，比组件命令更简单，群组与组件的不同将在之后案例中讲解到。

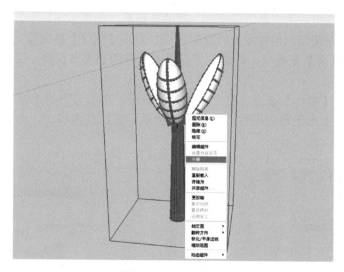

图2-78　分解组件

在SketchUp中使用组件时，要注意以下问题：

➤　自定义的组件需要保存在SketchUp安装目录的Components的文件夹中才能在新的SketchUp文件的组件窗口中调用。

➤　组件能方便进行模型的合并。

➤　组件能控制插入的位置、方向进行精确地对齐。

➤　组件通过组件文件夹调用，通过"管理目录"进行管理。

➤　组件之间有关联性，对任一组件的编辑会影响到其他副本。

➤　组件的多次复制使用不会增加文件的大小。

➤　组件能通过参数的控制对物体进行"开洞"。

【实例2-6】为房子添加窗户

（1）打开配套光盘提供的简易房子模型，如图2-79所示。下面为其添加窗户，结果如图2-80所示。

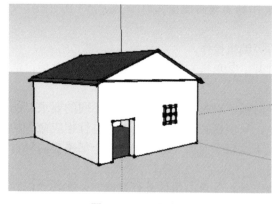

图2-79　原有房子

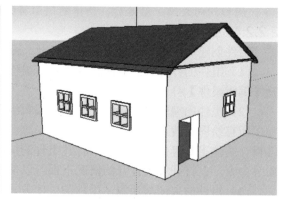

图2-80　完成效果

（2）将房子组件分解，如图2-81所示，以便下一步操作。

（3）选择窗子并创建组件。点击【样式】工具栏 按钮，开启"X射线"显示模式，以方便观察。然后框选整个窗子，如图2-82所示。

（4）再次点击 按钮，关闭"X射线"模式，并键入"G"将窗子创建组件，如图2-83所示。

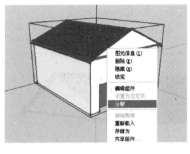
图2-81　分解组件

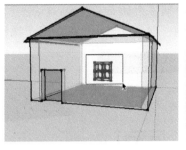
图2-82　选择窗子

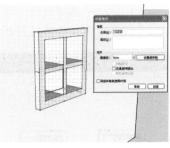
图2-83　创建组件

（5）将黏接至更改到"任意"，勾选"切割开口"以及"用组件替换选择内容"，并更改组件名完成创建组件，如图2-84所示。

（6）点击"创建组件"窗口栏中【设置组件轴】命令，转换到合适角度，将轴原点定位在墙面与窗子左下角交接处，红轴水平朝右，绿轴竖直向上，如图2-85所示。

（7）调用组件。打开"组件"窗口菜单栏，点击图标 🏠，打开模型中已有的组件，再选择刚刚完成创建的窗子，如图2-86所示。

图2-84　更改组件属性

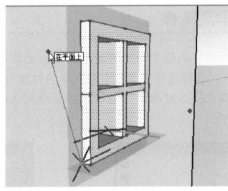
图2-85　设置组件轴

图2-86　调用组件

（8）组件"窗1"可自动与任意面相贴合，转到房子侧面，为房子添加三扇窗户，可以发现，如图2-87所示，正在创建的中间窗子未对墙面进行剖切，而左右两个已经创建的窗子则将墙面剖切开洞（这是组件的剖切功能），由于组件只能对红轴绿轴形成面开洞、剖切，可以观察到左侧的窗户内墙面未能被组件剖切、开洞。

（9）调整完成。选择所有粘贴上的窗户以及相应的内墙面，打开右键菜单栏【相交面】中【与选项】命令，如图2-88所示。

图2-87　添加多个窗子

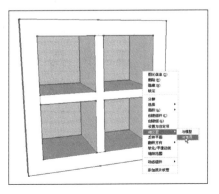
图2-88　选择内墙面与组件相交

（10）一一选择内墙与窗户间多余的面，并按"Delete"删除，如图2-89所示。

（11）对组件位置进行微调，即完成为房子添加窗子操作，如图2-90所示。

图2-89　删除多余面

图2-90　调整完成

2.2.3 【油漆桶】工具

油漆桶工具能够为构建的模型添加色彩或材质。油漆桶工具的面板如图2-91所示，分选择与编辑两个选项卡。选择选项卡面板中有丰富的材质库，可以在其中选择填充的色彩或材质；编辑选项卡面板如图2-92所示，是在选择了非默认材质的情况下，对当前色彩或材质的具体特性进行编辑。

图2-91　【材质】窗口中【选择】面板

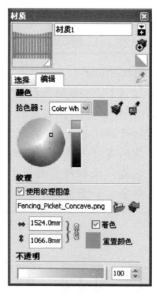

图2-92　【编辑】面板

2.2.3.1 【材质】面板参数含义

【材质】面板各工具图标含义如下。

➢ 【显示辅助窗口】工具：可以在【材质】窗口菜单栏下再添加一栏选择材质面板，以方便快速地对比选择材质。

- 【创建材质】工具 ：选择任意材质（包括默认材质），再点击该图标，可以创建一个新材质，并转换到编辑面板，对新材质进行编辑。
- 【将绘图材质设置为预设】工具 ：在选择了非预设的材质情况下，点击此图标能够快速恢复至预设材质。预设材质样式可以在【样式】窗口菜单栏中更改。
- 【样本颜料】工具 ：使用该工具可以吸取图中已铺贴至模型的材质，从而继续使用该材质。按住"Alt"键可以从填充模式切换到此工具。
- 【详细信息】工具 ：点击此图标可以弹出菜单栏，其中包括添加、删除、更改材质库，改变图标显示大小以及从网络上"获取更多"材质。
- 【模型中材质】工具 ：使用该工具可以迅速显示在模型中正在使用或之前用过的材质。
- 【后退】、【前进】工具 ：可以回到上一个或下一个预览过的材质库。

编辑面板中【匹配模型中对象的颜色】 与【匹配屏幕上对象的颜色】 两个工具分别对应将当前材质的颜色更改为吸取的模型中对象的颜色和屏幕上任意对象的颜色。

2.2.3.2 【油漆桶】工具的激活

【油漆桶】工具的激活方式，主要有以下三种：
- 选择【工具】菜单栏中【油漆桶】工具命令；
- 直接点击【油漆桶】工具图标 ；
- 键入"B"快捷键打开【材质】面板。

2.2.3.3 为模型添加材质

为模型添加材质大致分以下两类使用方法：
- 首先激活【油漆桶】工具，并一一点击需要填充的线、面、物体，直到所有需要填充的对象填充完毕，如图2-93所示。

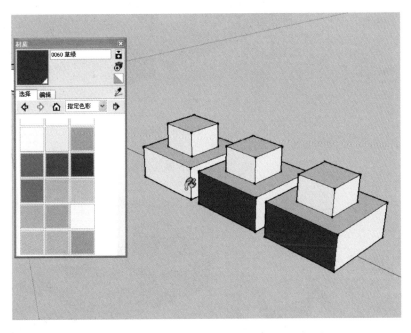

图2-93　逐一为面填充色彩

- 选择好需要填充的物体，再单击选择材质或色彩，鼠标箭头将变成 油漆桶样式，之后，点击已经选择好的物体，需要填充的所有物体（包括不是同一或相邻的物体）都完成了材质或色彩的填充，步骤依次如图2-94、图2-95、图2-96所示。

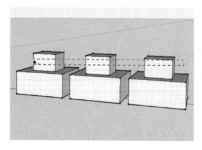
图2-94　选择需要填充的面

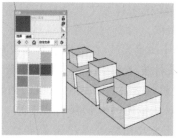
图2-95　选择材质

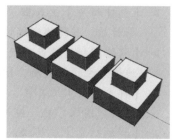
图2-96　单击选择物填充

技巧：同选择工具一样，可以配合"Ctrl"、"Shift"键组合使用，以下示例的原有物体为图2-96不连续的三个几何体。按住"Ctrl"键，可以填充覆盖所有连续的同种材质，使用效果如图2-97、图2-98所示；按住"Shift"键，可以填充覆盖所有物体中连续或不连续的同种材质，使用效果如图2-99、图2-100所示；同时按住"Ctrl"、"Shift"键，可以填充单个物体不连续的同种材质，如图2-101、图2-102所示。

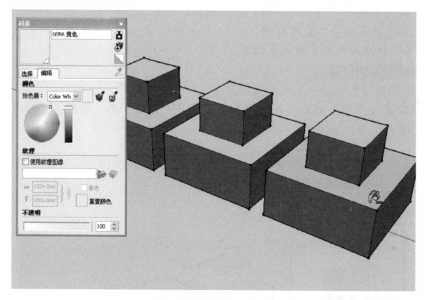
图2-97　按"Ctrl"填充两块绿色之间

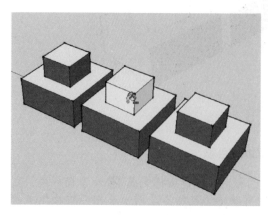
图2-98　按"Ctrl"填充上部绿色区域

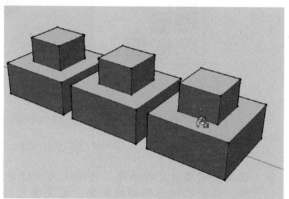
图2-99　按"Shift"填充两块绿色之间

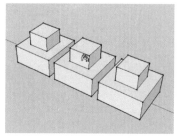

图2-100　按"Shift"填充
上部绿色区域

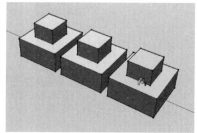

图2-101　同时按"Ctrl"、
"Shift"填充两块绿色之间

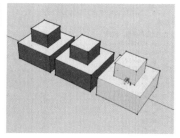

图2-102　同时按"Ctrl"、
"Shift"填充上部绿色区域

2.2.3.4　群组与组件覆盖材质

在群组层级，可以一次赋予同一种材质贴图给群组中所有的表面。若要单独赋予群组表面材质，则需要打开群组进行编辑。打开群组赋予的材质不能在群组层级进行替换。已经成群组的物体之间，在赋予材质时不受组件的影响。

组件材质的赋予：在组件层级可以一次赋予同一种材质贴图给组件中所有预设材质覆盖的表面。若要单独赋予组件表面材质，则需要打开组件进行编辑。如在组件层级赋予材质，将不会影响组件库中的该组件的材质；如果打开组件赋予材质，将影响组件库中的该组件的材质；如在组件层级赋予材质，将不会影响场景中所有该组件副本的材质；如果打开组件赋予材质，将影响场景中所有该组件副本的材质；如要给组件单独赋予材质，需将其进行"单独处理"。

下面通过如图2-103所示的添加材质案例，讲解组件、群组以及非群组组件的材质指定方法，指定材质效果见图2-104。

【实例2-7】指定场景材质（如图2-103所示）

图2-103　原有模型

图2-104　完成效果

（1）打开并观察模型构成情况。双击打开模型文件，观察整个模型，同时在【窗口】菜单栏中，找到并打开【大纲】面板，该面板是当前整个SketchUp文件的材质与群组、组件分层的纲要，如图2-105所示。

（2）通过比对可以观察到，群组（图标为"▦"）为模型中三棵树以及一条长椅。而组件（图标为"■"）为其中八个球体。其余地面部分为非群组组件部分。

（3）铺贴材质。分别为圆形小广场与小路铺贴材质。圆形小广场是欧式石材风格，根据其风格在【材质】面板中选择合适的两种材质：▨ "各种棕褐色瓦片"以及▨ "多片石灰石瓦片"。如图2-106、图2-107所示分别为圆形小广场蓝色区域填充材质。

图2-105 【大纲】面板

图2-106 选择中心区域填充

图2-107 选择边框区域填充

（4）小路的材质为片石拼接而成，在【材质】面板中选择 "浅色砂岩方石"，按住"Ctrl"为小路填充材质，如图2-108所示。再将【编辑】选项卡面板中材质大小调整至"2828.8"、"1414.4"，如图2-109所示。

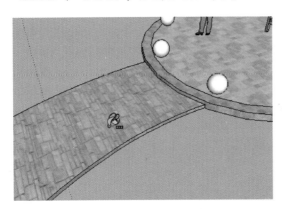

图2-108 为小路添加材质

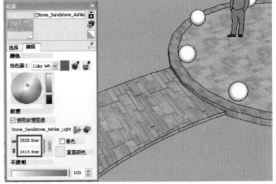

图2-109 更改材质大小

（5）为球体群组铺贴色彩。此八个球体群组是小广场上的特色景观灯，每个球体群组内，都有两个球体，外部为镂空材质，内部为金黄色，在【材质】面板分别选择 "天然色格子围篱"以及 "金黄色"两种材质，分别依次为八个球体群组添加材质，如图2-110、图2-111所示。

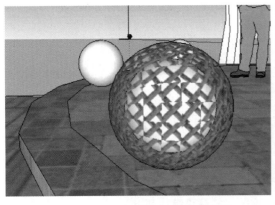

图2-110 为球体外侧添加通道材质

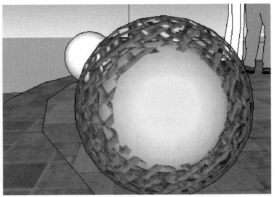

图2-111 为球体内侧添加金黄色

（6）为树木填充色彩。模型中有两种树木组件，将为未填充的一种两棵"阔叶树"填充两种不同的材质，用到的材质有： "绿色"、 "中海绿"以及 "灰褐色"。

（7）为更好地解释组件与填充材质的关系，先打开第一棵"阔叶树"组件，并为树叶填充"绿色"、树干填充"灰褐色"，如图2-112所示，可以观察到，第二棵"阔叶树"同时也改变了材质；

（8）退出组件，在第二棵"阔叶树"上点击右键，点击【设置为自定项】孤立第二棵"阔叶树"，如图2-113所示；

（9）打开第二棵"阔叶树"组件，为树叶填充"中海绿"，如图2-114所示，第一棵"阔叶树"并没有改变材质。

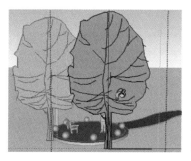
图2-112　打开组件填充色彩

图2-113　设置自定项

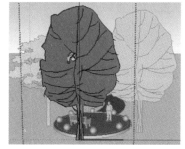
图2-114　填充孤立项

（10）更改坐凳色彩。坐凳的色彩过浅，可以直接编辑原有材质的颜色，来调整至暖深褐色。键入"B"打开【材质】窗口菜单栏，按住"Alt"键吸取坐凳材质，如图2-115所示。再调整【编辑】面板中颜色，如图2-116所示，模型中所有该材质全部改为暖深褐色。

（11）微调图形。对其中元素的位置和大小微调，完成效果如图2-117所示。

图2-115　吸取凳子材质

图2-116　更改材质颜色

图2-117　最终效果

2.2.3.5　增加贴图材质

尽管【材质】编辑其中有大量自带材质，但当SketchUp中自带的材质库不能够满足物体铺贴材质的需要时，可以使用外部的其他材质或照片导入SketchUp中，铺贴相应物体。

导入材质有两种基本方法：

➢ 在【材质】窗口菜单栏中点选【添加新材质】![icon]，再点击【浏览新材质】![icon]，从弹出的对话框中找到材质的位置。添加之后如图2-118所示。

➢ 将需要导入的材质在Photoshop中处理另存后，直接选择【文件】菜单栏【导入】命令，选择JPG、PNG、PSD等图片格式找到该材质文件，勾选"用作纹理"复选框，如图2-119所示，再导入模型中，即可在【材质】→【模型中】面板找到该材质。

图2-118　从【材质】窗口中添加新材质

图2-119　导入新材质

2.2.3.6　贴图坐标调整

在SketchUp中，贴图是平面铺贴的，可以附着在垂直、水平或倾斜表面上，不受表面位置变化影响，但是在曲面上，就会出现铺贴错乱现象，因此需要使用到贴图坐标调整。

在物体铺贴材质后，贴图大小、倾斜度、位置等将会依据原有设定自动铺贴，当这些属性不符合要求时，可以在已经铺贴的材质上点击右键，选择【纹理】→【位置】，打开锁定定位别针或自由定位别针，对材质进行修改，如图2-120、图2-121所示。

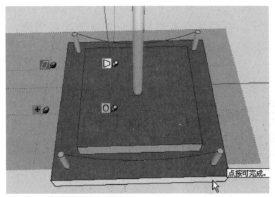

图2-120　锁定别针

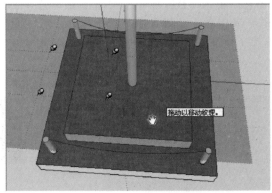

图2-121　自由别针

2.2.3.7　锁定定位别针

当赋予物体表面材质后，在此表面上点击右键，选择【贴图】→【位置】，即可使用锁定定位别针（系统默认的是锁定定位别针，但若出现自由别针，可再点右键，选择【固定图钉】选项或者按一下"Shift"键即可转换）。锁定定位别针显示为红、黄、蓝、绿四枚别针，可对材质贴图进行精确定位。单击鼠标左键一次别针可以更改别针位置，若点击鼠标左键并拖曳鼠标，可以使用各别针功能。

调整修改后，按下Enter键或在图片外侧点击即可保存修改。若需重新调整可以点击Esc取消修改或在贴图上点击右键选择【还原】。

➢ 【红色别针】通过拖动操作来移动材质贴图，重新进行精确定位，使用方法如图2-122所示；

➢ 【绿色别针】通过拖动操作来旋转和按比例缩放材质贴图，重新进行精确定位（使用时红色别针是锁定的），使用方法如图2-123所示；

> 【蓝色别针】 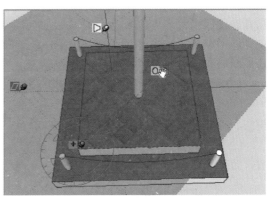 通过拖动操作来按比例缩放和倾斜材质贴图，重新进行精确定位（使用时红色和绿色别针是锁定的），使用方法如图2-124所示；

> 【黄色别针】 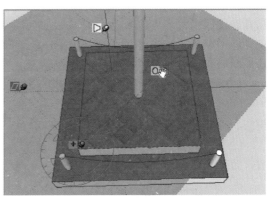 通过拖动操作对材质贴图进行透视变形校正（使用时红色、绿色和蓝色别针都是锁定的），使用方法如图2-125所示。

提示：①单击锁定定位别针，可将其拿起并移动到材质贴图上不同的位置，该新位置将成为任意锁定定位别针操作的起始点。

②定位别针都能进行暗示点的捕捉，按住Ctrl键，捕捉功能将不能使用。

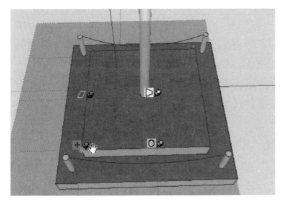

图2-122　【红色别针】移动贴图

图2-123　【绿色别针】旋转缩放贴图

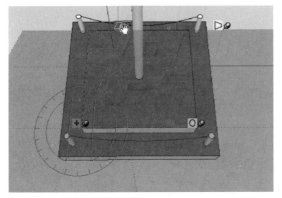

图2-124　【蓝色别针】缩放倾斜贴图

图2-125　【黄色别针】校正贴图透视

2.2.3.8　自由定位别针

取消"锁定别针"选项的勾选后，定位别针随即变成自由定位别针。自由定位别针的精确度没有锁定定位别针的高，但可以更加灵活地调整材质贴图。当需要将一张图像与某种形状进行匹配时，自由定位别针能快速地调整贴图材质与形状匹配，如图2-126所示。

2.2.3.9　特殊贴图的应用

投影贴图。SketchUp 的材质贴图定位功能可将贴图或图像投影到表面上，如同使用

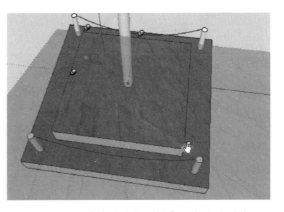

图2-126　【自由定位别针】任意移动别针

幻灯片投影仪进行投影一样。使用步骤如下：

（1）选择并以图像模式导入合适的图片；

（2）将图像进行炸开，使其转换为投影的材质贴图；

（3）将图像面移动到与受投影面的平行，并将图像一个角点对应到受投影面的相应角点；

（4）调整图像大小，使得图像能够盖住作投影贴图的物体；

（5）键入快捷键"B"，再按住"Alt"吸取图像材质，再点击受投影面，即可完成投影贴图。

包裹贴图：SketchUp 的材质贴图定位功能可将贴图或图像包裹到物体表面。包裹贴图需要注意，使用 Alt 键时，需要取消贴图的"投影"选项，同时对圆柱体进行包裹贴图时，需开启【隐藏几何图形】命令对贴图进行调整。

镂空贴图：当贴图图像带有 Alpha 通道时，即可将贴图作为镂空贴图使用，如自带"围篱"材质库中多种栏杆图样均为镂空贴图。

【实例2-8】为如图2-127所示相框添加贴图材质，效果如图2-128所示

（1）打开相框模型。双击打开模型文件，或选择【文件】|【打开】命令，再找到相框模型。并将相框群组分解，如图2-129所示。

（2）为相框边框添加木纹效果。键入快捷键"B"，选择 "水平布制效果百叶窗"材质，为边框填充添加木纹效果，如图2-130所示。

图2-127　原有模型

图2-128　完成效果

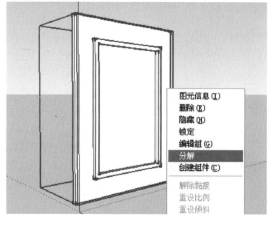

图2-129　分解相框群组

图2-130　为相框添加材质

（3）为相框支撑脚群组添加材质。键入快捷键"B"，选择██"金属接缝"材质，点击支撑脚群组为其添加材质，如图2-131所示。

（4）为相框其他部分添加材质，键入快捷键"B"，选择██"金属接缝"材质，按住"Ctrl"点击相框后的灰色面，如图2-132所示。

（5）选择██"垂直式百叶窗"材质，按住"Ctrl"点击相框前的白色正面，如图2-133所示。

（6）为相框添加照片。点击【文件】|【导入】，以"用作图像"模式打开需要作为照片的图片，如图2-134所示。

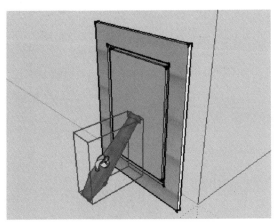

图2-131　为支撑脚群组填充材质

图2-132　添加背面材质

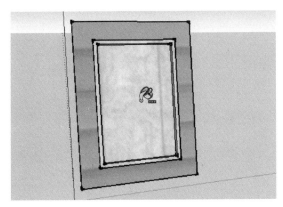

图2-133　添加正面材质

图2-134　导入照片

（7）再将照片左下角点定位到相框面左下角，并拖移至相应高度，同时按住"Shift"键可以使相片大小匹配到如图2-135所示端点处。

（8）将照片沿红轴移动，相框前方与相片分开，并且将照片【分解】（右键菜单中），如图2-136所示，则照片自动转存为模型中材质。

（9）键入快捷键"B"，同时按住"Alt"键，吸取照片材质，如图2-137所示，再覆盖材质到相框中相片位置。

（10）整理模型。将多余的照片删除，并对模型进行整理，从而得到如图2-138所示效果。

图2-135　确定照片位置

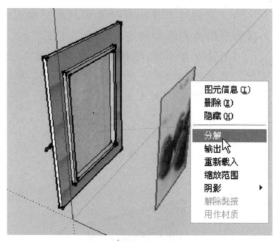

图2-136　沿红轴移动照片并分解

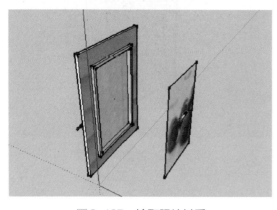

图2-137　拾取照片材质

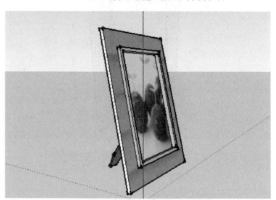

图2-138　调整并完成相框制作

2.2.4 【擦除】工具 ✐

【擦除】工具即橡皮擦，是SketchUp中删除已有线、线所附带的面以及群组、组件等元素的工具。

2.2.4.1 【擦除】工具的激活

【擦除】工具可以选择以下三个方式激活：

➢　使用【工具】菜单栏中【橡皮擦】工具命令；

➢　点击【擦除】工具图标 ✐；

➢　键入"E"快捷键。

2.2.4.2 【擦除】工具的使用

激活命令后，单击想要删除的物体（除单独的面外）即可将其删除，想要删除组件或群组内的物体必须先将其打开，若按住鼠标左键不放并在多个想要删除的物体上拖移，则被选中物体将呈高亮显示，高亮物体即可同时删除，如图2-139所示。删除多个物体时，由于鼠标移动过快可能导致未能删除所有需要删除的物体，此时，反复拖曳鼠标即可。若使用该工具时，选择了不需要删除的物体，可按"Esc"键取消此次删除操作。

【擦除】工具使用时，若删除了构成面的边线，其面也会同时消失，即SketchUp成面原理。

提示：删除还可以使用以下方法。①在已选择的物体上单击右键，使用右键菜单栏中【删除】（快捷键"E"）命令。②在选择好需要删除的线、面、组件、群组等多个元素之后，键入"Delete"键，即可全部删除。不同于【擦除】工具，这两个命令都可以删除单独的面，并且能更快捷地删除多个物体。

2.2.4.3 隐藏边线

【擦除】工具使用时，同时按住"Shift"键，可以转换成"隐藏边线"功能，能够隐藏线、组件、群组等物体。其效果如图2-140所示。

2.2.4.4 柔化边线

【擦除】工具使用时，同时按住"Ctrl"键，可以转换成"柔化边线"功能，能够柔化各种线条以形成曲面。其效果如图2-141所示。

2.2.4.5 取消柔化效果

【擦除】工具使用时，同时按住"Shift"键和"Ctrl"键，可以转换为"取消柔化边线"功能。

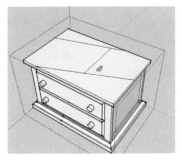
图2-139　拖移鼠标删除多条线段

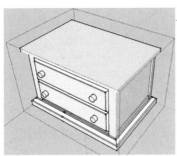
图2-140　隐藏一角边线

图2-141　柔化一角边线

2.3　编辑工具栏

在了解基本的绘图工具栏及常用工具栏之后，接下来学习如何对已有的模型进行修改、调整的【编辑】工具栏。【编辑】工具栏如图2-142所示，包含了【移动】、【推拉】、【旋转】、【路径跟随】、【缩放】、【偏移复制】共6个工具。

图2-142　【编辑】工具栏

2.3.1 【移动】工具 ✥

【移动】工具除基本的移动物体功能之外，还有复制、拉伸、折叠物体，以及旋转组件功能。通过这些功能的配合，能大大加快作图速度。同时，在使用移动工具时，还可以配合方向键以及"Shift"键对移动方向进行控制，同【铅笔】工具操作方法类似。

2.3.1.1 【移动】工具的激活

【移动】工具有以下三种激活方式：

➤ 选择【工具】菜单栏中【移动】工具命令；

> 直接点选工具栏中移动工具的图标 ✥ ；
> 键入 "M" 快捷键。

2.3.1.2 移动功能的使用

【移动】工具的基本使用方法非常简单，即选择单个或多个需要移动、复制、拉伸或折叠的元素之后，激活工具，鼠标左键点击绘图区任意地方，并往相应方向移动鼠标，再单击鼠标左键即可。

在移动物体时会有一条参考线会出现在移动的起点和终点之间，并且在平行于红轴、绿轴和蓝轴的时候，会自动捕捉，即灰色虚线变成相应的红色、绿色、蓝色虚线。而数值控制框会动态显示移动的距离，可以通过输入数值 "*" 或移动坐标 "x,y,z" 后，键入 "Enter" 键来控制需要精确移动的位置，如图2-143所示。

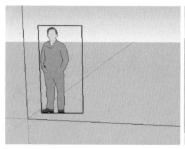
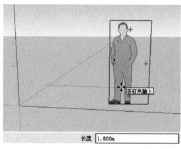
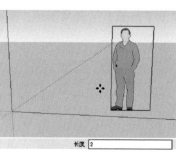

(a) 选择"人"组件　　　　(b) 激活命令并延红轴移动　　　　(c) 键入移动距离

图2-143　输入数值并沿轴移动

使用【移动】工具时也要注意，在移动时如果同时按住 "Shift" 键，参考线会明显增粗，如图2-144所示，可以保证物体在相应直线上移动而不偏移，从而避免受到其他物体的干扰。

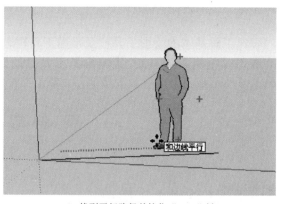

(a) 激活命令、选择"人"组件　　　　(b) 找到平行路径并按住"Shift"键

图2-144　锁定平行边线方向移动

提示： 也可以先激活【移动】工具命令，再对线、面、单个群组、单个组件等单个元素进行移动、复制、拉伸、折叠，但对于不同元素对象，其命令含义有所不同。

2.3.1.3 复制功能使用

复制功能使用方式与移动功能使用方式类似，仅需要在移动命令激活状态下，键入 "Ctrl" 键，即可转换为复制功能，再键入一次 "Ctrl" 键，即可转换回移动功能。如图2-145

所示，为给道路移动复制添加路灯。

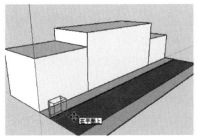
(a) 选择"路灯"组件激活命令

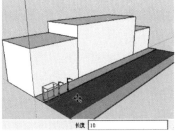
(b) 沿绿轴移动，并键入"10"

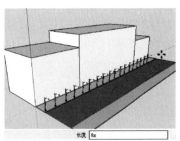
(c) 并键入"8x"完成复制

图2-145　移动复制添加路灯

技巧：复制完成一个后，不进行任何其他操作的情况下，立即输入特殊数值"*x"，敲击"Enter"键即可依据从原有物体到第一个复制物体的方向、距离再延伸复制"*-1"个该物体。或立即输入特殊数值"/*"，敲击"Enter"键即可依据从原有物体到第一个复制物体的方向、距离，再等分"*"份在原有物体和第一个物体之间复制"*-1"个该物体。用两种方法同样方向复制9个实体，且间距一致，其两个不同的复制技巧分别如图2-146、图2-147所示。

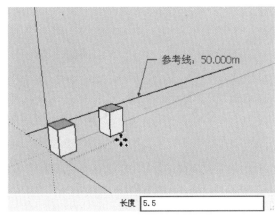
(a) 选择"方块"群组移动"5.5"m

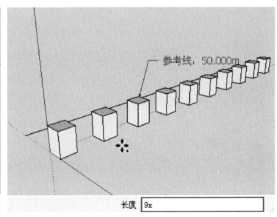
(b) 键入"9x"再往后复制8个副本

图2-146　"*x"复制方法

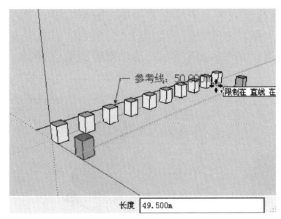
(a) 选择"方块"群组移动"49.5"m

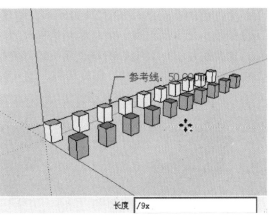
(b) 键入"/9"再于中间复制8个副本

图2-147　"/*"复制方法

2.3.1.4 拉伸、折叠功能使用

当移动几何体上的一个元素时，SketchUp会按需要对集合体进行拉伸或折叠，如图2-148所示。通过拉伸、折叠功能的使用，能够方便快速地建立屋顶、斜面等构造物，如图2-149所示。

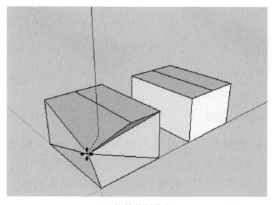

(a) 拉伸并折叠点   (b) 折叠线

图2-148 拉伸折叠功能的使用

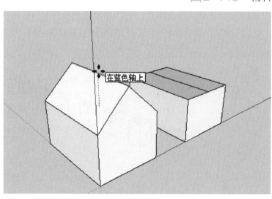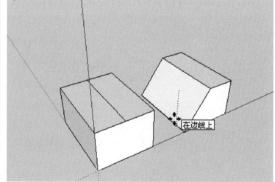

(a) 制作屋顶   (b) 拉伸斜面

图2-149 制作屋顶或斜面

2.3.1.5 旋转组件功能

当激活移动工具后，将鼠标移至组件上的时候，组件会在其立方体蓝色框的鼠标面显示四个红色的小十字，如图2-150所示。将鼠标移至红色小十字上，并单击鼠标左键，则在四个红色小十字间出现一个角度测量标尺以及一条参考移动线，如图2-151所示。再移动鼠标，使得组件以标尺中心的垂直线旋转一定距离，如图2-152所示，可以观察到数值控制区的角度也随之变化，同样，在旋转时，输入数值"*"则角度旋转"*"度。

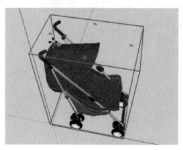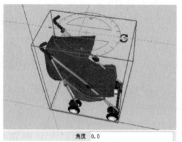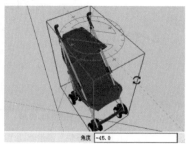

图2-150 移动光标至组件上   图2-151 单击一个红色小十字   图2-152 以标尺中心垂线为轴旋转

技巧：无论是使用【移动】工具、【铅笔】工具还是之后将要学习的【推拉】、【偏移复制】、【旋转】等可以输入数据来操作的，同时系统能记录上次操作使用的数据，在之后再次使用相应工具时，可以对上次数据进行捕捉。

2.3.2 【推拉】工具栏 ◆

【推拉】工具是SketchUp中从平面推出有体积的几何体的工具，如图2-153所示。但其操作对象是面域，不能对边线或者群组、组件对象进行操作，群组、组件里的面只能在打开或炸开后进行【推拉】。

可以利用【推拉】工具的捕捉功能（对点、线、面的捕捉等功能）绘制高度一样的两个模型，如图2-154所示。要进行复制推拉，只需要按下"Ctrl"进行推拉即可，如图2-155所示。

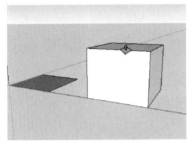 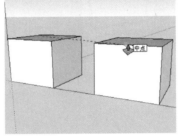 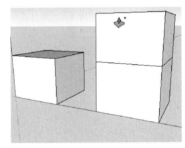

图2-153 将一个面推出　　　　图2-154 捕捉高度推出　　　　图2-155 按下"Ctrl"复制推拉

2.3.2.1 【推拉】工具的激活

【推拉】工具有以下三种激活方式：

➢ 选择【工具】菜单栏【推拉】工具命令；
➢ 直接点选工具栏中推拉工具的图标◆；
➢ 键入"P"快捷键推拉平面。

2.3.2.2 【推拉】工具的使用

推拉工具可以在选择一个单独的面域后，激活工具，绘图区内点击任意地方，并用鼠标拖移出相应高度再单击鼠标左键，（或推出方向后，直接输入数值设置推出高度），也叮在激活工具后，直接点击相应面域，进行推拉，如图2-156所示。

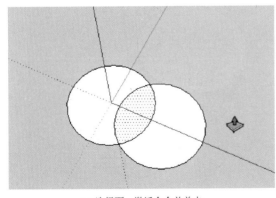 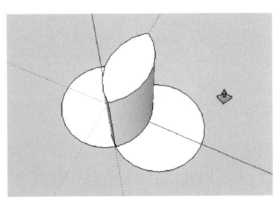

(a) 选择面、激活命令并单击　　　　　　　　　(b) 推移出一定再次单击

图2-156 【推拉】工具推出方法

【推拉】工具除推出一定高度的面以外，还可以用来创建内部凹陷或挖空的模型，如图2-157所示中推出柜子的内部空间。

在面域上快速双击鼠标，可以重复上次推拉，即快速推出或拉进记录的上次高度（如例子中的1.4m），如图2-158所示再次推出的面高度与原有面齐平。

在进行双击操作时需要注意面的正反性，如在正面推出高度后，双击另一个面域的反面，则反面将拉进相应高度，如图2-159所示，右侧则往下推出相应高度，并且可以观察到原有的右侧面不能自动生成。

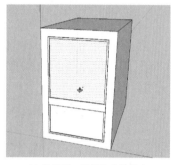
(a) 选择面、激活命令并单击

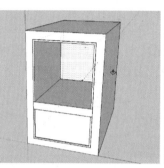
(b) 推出上部柜子

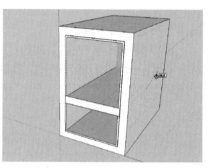
(c) 通讨捕捉推出下部柜子

图2-157 【推拉】工具挖空方法

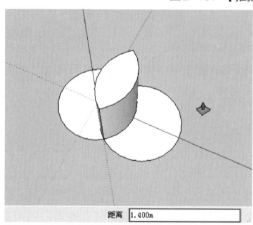
(a) 第一次推出"1.4"m

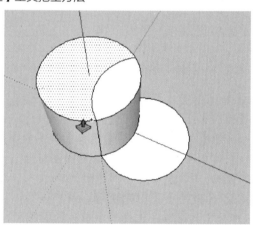
(b) 另一个面上双击鼠标左键再次推拉

图2-158 快速推出同等高度的面

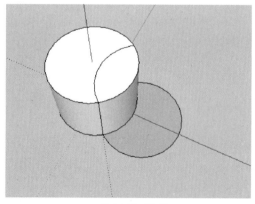
(a) 将右侧的面翻转

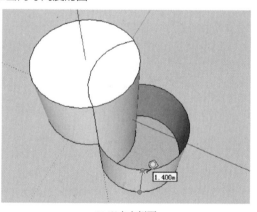
(b) 双击右侧面

图2-159 快速推出与面正反关系

　　曲面是不能使用【推拉】工具进行推拉的，但在SUAPP插件工具栏中，有相应的曲面推拉工具可以对曲面进行快速推拉。并且，若面紧邻一个曲面并阻碍了面推出的路径，则面也不能进行推拉，但键入"Ctrl"复制推拉后可以不受曲面的限制，如图2-160所示。

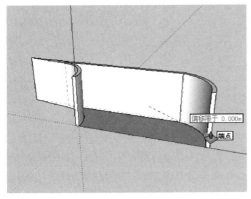

(a) 直接使用推拉工具

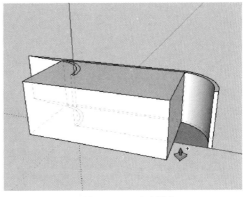

(b) 键入"Ctrl"复制推拉

图2-160　紧邻曲面的面推出限制关系

技巧：在使用推拉工具时，若面周边紧邻一个比将要推出高度小的毗邻面，则推出时面会先限制在毗邻面的高度上，但若键入"Ctrl"复制推拉时，不受相邻面高度限制，如图2-161所示。所以在推出多个相邻物体，如阶梯时，可以先推出相对较高的面，再推出相对较低的面。

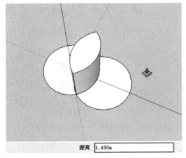

(a) 中间面推出"1.4"m

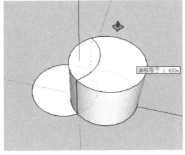

(b) 直接使用推拉工具

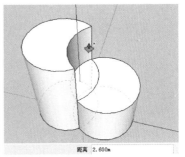

(c) 键入"Ctrl"复制推拉

图2-161　紧邻面高度限制关系

【实例2-9】创建如图2-162所示木质楼梯

　　绘制台阶平面图。

　　（1）打开SketchUp，并键入"R"矩形快捷键绘制一个长1.5米，宽0.3米的阶梯面，如图2-163所示。

　　（2）将阶梯面全选之后，键入快捷键"M"使用移动工具复制五个矩形，即使用左下角捕捉至左上角，复制一个紧邻的阶梯面后，如图2-164所示，再输入"5x"敲击"Enter"键完成复制。

　　（3）再键入快捷键"R"绘制扶手面，以创建的阶梯面右下角为矩形的起点，往右拖出一个输入数值为"1.5,0.1"的矩形，如图2-165所示。

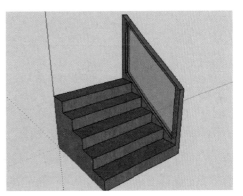

图2-162　木质楼梯

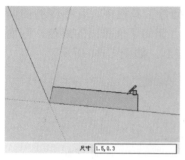

图2-163 绘制一个台阶面

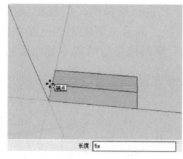

图2-164 使用【移动】工具复制台阶面

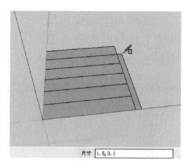

图2-165 绘制扶手面

下面推出台阶高度。

（4）键入"L"铅笔快捷键，在原有图形的左上角单击，并键入"↑"方向键，将直线控制在垂直方向上，再键入"1.2"，以绘制出一条垂直于平面长1.2m的辅助线，如图2-166所示。

（5）选中辅助线条，点击右键，使用右键菜单中【拆分】命令，并将该线条等分为6段，如图2-167所示。

（6）键入快捷键"P"推出台阶高度，通过不做辅助线的点，依次从第六个台阶，推出到第一个台阶，如图2-168所示。

绘制台阶扶手。

（7）键入快捷键"E"，及时删除台阶侧面和底面的多余线条，如图2-169所示。

（8）键入"L"铅笔快捷键，绘制台阶玻璃底边线，即连接第一阶台阶右角与第五阶台阶右角的一条直线，如图2-170所示。

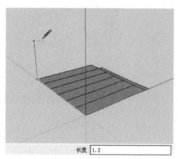

图2-166 绘制辅助线

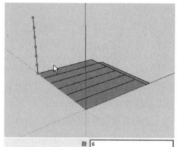

图2-167 等分辅助线

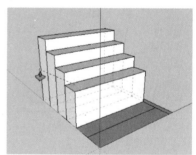

图2-168 推出台阶高度

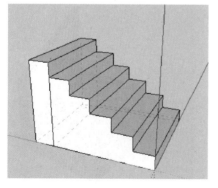

图2-169 删除多余线条

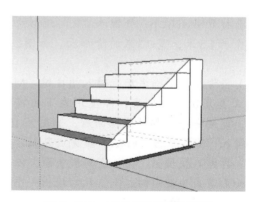

图2-170 绘制台阶玻璃底边线

（9）键入"M"，移动复制台阶边线，即将上一步中蓝色高亮部分移动复制到外侧面上，如图2-171所示。

（10）键入"L"，将台阶底座边线及面补全，即绘制如图2-172所示三条蓝色高亮线条。

（11）使用"↑"方向键的束缚功能，在台阶底座两边上，绘制两条长1米的直线，并连接两条直线端点，如图2-173所示。

（12）键入"P"，通过捕捉功能，推出台阶扶手面，如图2-174所示。

（13）键入"L"，绘制出台阶内玻璃框位置，如图2-175所示。

（14）键入"M"，移动复制玻璃框边线，即通过捕捉功能，将上一步中蓝色高亮部分移动复制到外侧面上，如图2-176所示。

（15）整理模型，选择多余线、面，键入"Delete"键删除，同时选择所有错乱的反面，再使用右键菜单栏中的【反转】命令，翻转平面。并键入"P"，推出两面玻璃的厚度，如图2-177所示。

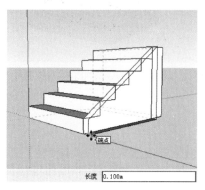

图2-171　移动复制台阶边线

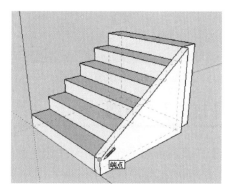

图2-172　补全台阶底座

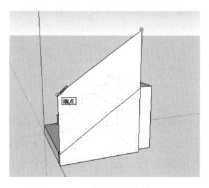

图2-173　绘制台阶扶手面

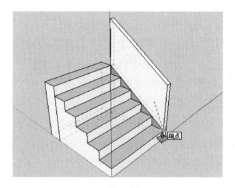

图2-174　推出扶手面厚度

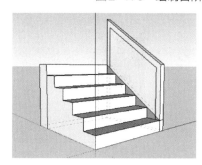

图2-175　绘制玻璃面

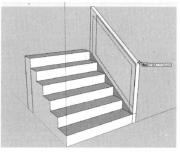

图2-176　复制玻璃面

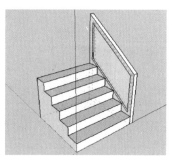

图2-177　推出玻璃厚度并
删除多余线面

为台阶上色。

（16）键入"B"油漆桶快捷键，打开【材质】窗口菜单栏，选择 ■ "蓝色半透明玻璃"材质，填充两个玻璃面，并进入编辑面板，将颜色调灰，如图2-178所示。

（17）选择 ■ "原色樱桃木质纹"材质，按住"Ctrl"点击鼠标左键填充台阶上任一无材质的面，即完成整个模型的创建，如图2-179所示。

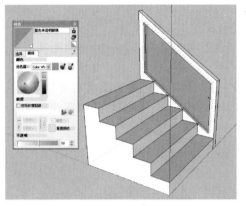
图2-178　添加并修改玻璃材质

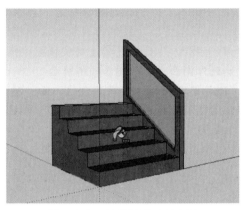
图2-179　添加阶梯木纹材质

2.3.3 【旋转】工具 ⟳

　　【旋转】工具能够以一个平面为基础任意旋转模型中各元素。使用【旋转】工具 ⟳ 来旋转物体时，鼠标箭头会变成一个以箭头中心为中心的"角度度量器"。可通过捕捉红绿蓝轴面、模型中任意平面，并按住"Shift"键锁定旋转基准平面。

2.3.3.1　【旋转】工具的激活

　　【推拉】工具有以下三种激活方式：

➢　选择【工具】菜单栏【旋转】工具命令；
➢　直接点选工具栏中旋转工具的图标 ⟳ ；
➢　键入"Q"快捷键旋转物体。

2.3.3.2　旋转功能的使用

　　旋转工具最佳使用方式是先选择好需要旋转的物体，再激活工具，并在正确的方向与点上单击鼠标左键创建旋转的基点，再指定物体中第二点，使两点间的线成为旋转的参考线，之后移动鼠标使物体旋转到需要的角度，单击左键完成旋转，或输入相应旋转的角度数值，敲击"Enter"键完成指定角度的旋转，如图2-180所示。此外，也可在激活工具后，直接点

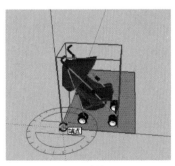
(a) 激活旋转工具

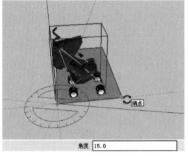
(b) 设置旋转基点

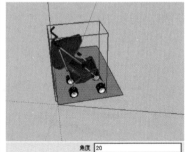
(c) 键入旋转角度

图2-180　【旋转】工具的使用方法

击相应线条、面域或群组上一点作为基点，再进行旋转。

2.3.3.3　旋转复制功能的使用

　　旋转工具使用类似于移动工具，可以将物体旋转复制。其使用方法也类似于【移动】工具，即激活旋转命令后，按住"Ctrl"键可以在旋转和旋转复制功能间转换，同时在复制完一个副本后，还可以通过输入特殊数值"*x"或"/*"，来复制多个副本，如图2-181、图2-182所示。

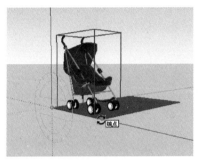
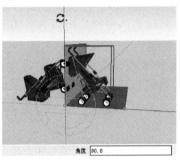
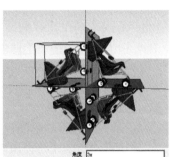

（a）以原点、绿轴面为基准　　　　　　（b）往后旋转90°　　　　　　　（c）输入"3x"复制三个副本

图2-181　输入"*x"旋转复制

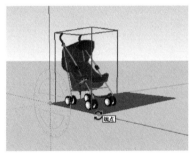
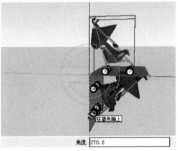
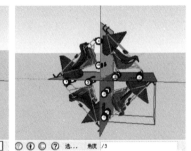

（a）以原点、绿轴面为基准　　　　　　（b）往后旋转270°　　　　　　（c）输入"/3"复制三个副本

图2-182　输入"/*"旋转复制

2.3.3.4　扭曲与旋转阵列功能的使用

　　使用【旋转】工具 🔄 仅旋转某个物体的一部分时，可以将该物体拉伸或扭曲。如图2-183所示。

　　使用【旋转】工具 🔄 将基点放置于物体之外旋转复制时，可以将该物体阵列，如图2-184所示。

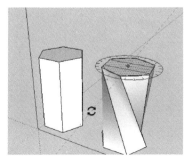
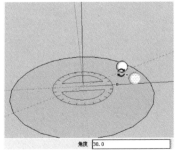
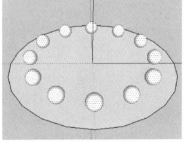

图2-183　扭曲拉伸面　　　　　　　　　　　　图2-184　阵列旋转复制

SketchUp中的路径跟随可以使得平面沿着一条边线进行复制生成模型。这条边线既可以是独立的线，也可以是构成平面的边线；既可以是二维平面的，也可以是三维空间的。而路径跟随中的面不能是被线分割的平面。在使用【路径跟随】之后，原有被路径跟随的面将消失。

使用路径跟随工具能够方便的绘制出各种模型效果，例如制作球体、水壶等物体，类似于3ds MAX中的车削效果以及制作室内窗帘等可以各种随路径生成体积的物体。

2.3.4.1 【路径跟随】工具的激活

【路径跟随】工具有以下两种激活方式：

➤ 选择【工具】菜单栏中【路径跟随】工具命令；

➤ 直接点选工具栏中旋转工具的图标 。

2.3.4.2 沿路径手动跟随操作

使用手动控制【路径跟随】的步骤是：激活路径跟随工具，再选择跟随路径的平面（平面应与跟随的路径近似垂直），点击鼠标左键或按住鼠标左键不松，沿着路径移动鼠标至路径结束，再次点击鼠标左键或松开鼠标左键即完成路径跟随操作。其操作步骤如图2-185所示。

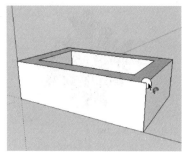
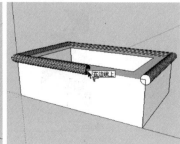
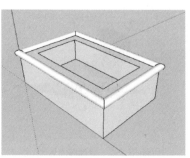

(a) 激活命令并选择需要跟随的面　　(b) 沿边线推移路径　　(c) 推移路径至起点则自动闭合

图2-185　沿路径手动操作

2.3.4.3 预先选取路径的跟随操作

预先选取路径的操作步骤是：首先，选择要跟随的路径（该路径须是一组连续的线），再激活路径跟随工具，点击鼠标左键选择需要跟随路径的平面（平面应与跟随的路径近似垂直）即可自动生成，如图2-186所示。

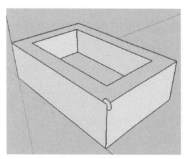
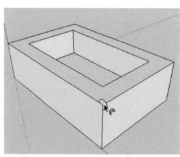
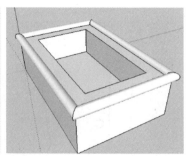

(a) 选择完整的路径　　(b) 激活命令并选择需要跟随的面　　(c) 完成路径跟随

图2-186　预先选取路径操作

2.3.4.4　沿表面路径自动的操作

【路径跟随】工具还可以依据面自动生成路径，使需要路径跟随的面沿自动生成的路径创建。其具体方法有以下两种：

➢ 选择跟随路径的平面（以保证有闭合的路径），再激活【路径跟随】工具，按住"Alt"键点击鼠标左键选择跟随路径的平面（平面应与跟随的路径近似垂直），如图2-187所示。

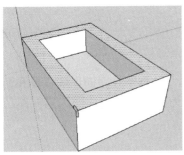 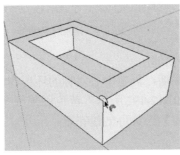 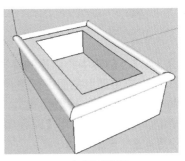

(a) 选择跟随路径的平面　　　　(b) 按住"Alt"键点击需要跟随的面　　　　(c) 完成路径跟随

图2-187　沿表面路径自动操作1

➢ 激活【路径跟随】工具，按住"Alt"键点击鼠标左键指向跟随路径的平面，（平面应与跟随的路径近似垂直），如图2-188所示。

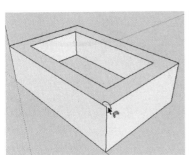 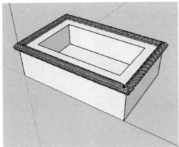 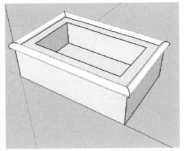

(a) 选择需要跟随路径的平面　　　　(b) 按住"Alt"键点击需要跟随的面　　　　(c) 完成路径跟随

图2-188　沿表面路径自动操作2

提示：【路径跟随】工具使用时，必须注意按正确的顺序操作，否则会出现错乱的模型。若使用错误时，可以按"Ctrl"＋"Z"退回上一步操作，也可以执行【编辑】菜单栏中【还原】命令。

2.3.4.5　沿路径消减或增加体积

当跟随路径的面在该路径的内侧时，应用路径跟随时会将模型的体积消减掉一部分；当跟随路径的面在该路径的外侧时，应用路径跟随时将会在模型的外表添加一部分体积。消减与增加的使用方法分别如图2-189、图2-190所示，蓝色线框为路径，蓝色面为需要跟随的面。

2.3.4.6　对不相邻的面和路径进行路径跟随

当进行路径跟随的面和路径不相邻的时候，路径将自动偏移到面所在的位置进行生成模型，图2-191为两个不相邻面与不相邻直线路径跟随，两条蓝色线条为跟随路径，两个蓝色面为需要跟随路径的面。

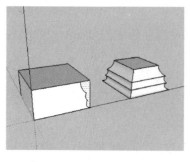

图2-189 消减体积作用

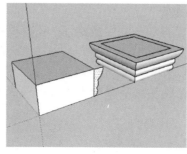

图2-190 增加体积作用

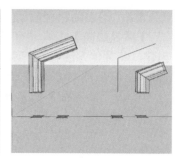

图2-191 不相邻的面路径跟随

2.3.4.7 创建中心对称的环形物体

可应用圆形截面进行路径跟随，创建中心对称的环形物体（注意路径跟随面的位置和朝向将影响最终的模型样式），如图2-192所示，蓝色圆形线条为跟随路径，曲面为需要路径跟随的面，通过使用【路径跟随】工具可创建花瓶。

2.3.4.8 创建球体

可应用两个相互垂直的圆形截面进行路径跟随创建出球体，如图2-193所示，注意两个一大一小相互垂直的圆形，其圆心必须在同一个点上。

图2-192 创建花瓶

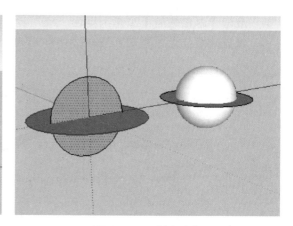

图2-193 创建球体

2.3.4.9 沿空间路径进行路径跟随

路径跟随可以利用空间的三维路径生成较复杂的模型，如图2-194所示，左图中蓝色圆形线条为跟随路径，曲面为需要路径跟随的面，右图为创建特殊效果字母"a"、"b"、"c"。

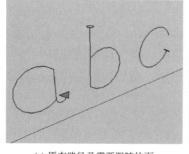

(a) 原有路径及需要跟随的面

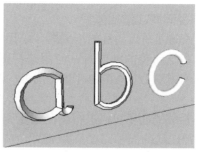

(b) 字母特殊效果

图2-194 创建特殊字母效果

【实例2-10】创建如图2-195所示简约立式灯具

（1）建立辅助面。打开SketchUp软件，在原点处绘制一个半径为0.2m的圆，并绘制一个垂直于圆高1.3m宽0.6m的矩形，如图2-196所示。

（2）绘制支架线条与圆形面。在已有的辅助面上绘制支架线条，如图2-197所示，键入快捷键"C"和"R"，通过捕捉轴功能，分别绘制圆形面和矩形面。

图2-195　简约立式灯具

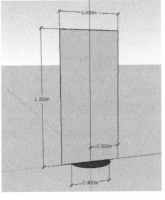

图2-196　绘制辅助面

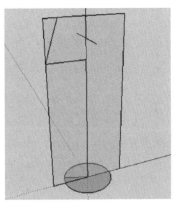

图2-197　绘制支架线条

（3）完善基础线条，如图2-198所示，先键入快捷键"L"绘制出台灯的骨架线条。

（4）在每两直线相交处，打断直线，为直线添加弧线的两个端点，再键入"A"绘制支架圆弧。

（5）选择并键入"Delete"键删除多余线、面，完成基础线条清理，如图2-199所示。

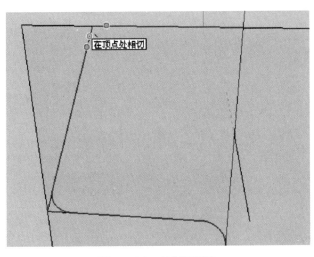

图2-198　绘制圆弧角

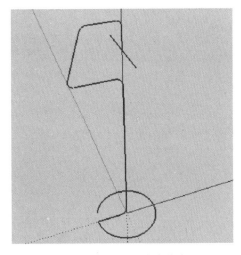

图2-199　删除多余线条

（6）绘制垂直于线的圆形面，如图2-200所示，选中面先键入"L"绘制一个从圆上端点到圆心，再绘制竖直向上长0.008m的线条，连接这两条线，即绘制完成三角形垂直面，再于支架端点处绘制一个半径为0.008m的圆形面。

（7）选择需要跟随的路径，再点击圆形面，将其路径跟随到模型中，如图2-201所示。

（8）绘制支架。删除多余的线条，并选择好需要跟随的路径，如图2-201所示。

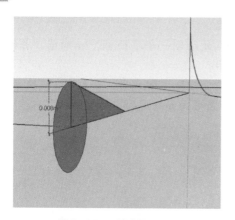

图2-200 绘制圆形面

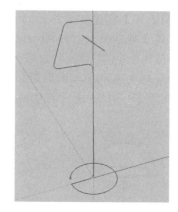

图2-201 删除多余线条并选择路径

（9）激活路径跟随命令，选择圆形面，完成支架基础面的绘制，并执行右键菜单栏中【反转平面】与【软化/平滑边线】命令，如图2-202所示。

（10）选择支架，执行右键菜单栏中【创建群组】将支架创建群组，如图2-203所示。

（11）绘制灯罩。作辅助面，如图2-204所示，于支架辅助线上先键入"L"键在垂直线上绘制一长0.1m的线，再键入"R"键，绘制一个高0.2m宽0.001m的灯罩截面；选择矩形辅助面，并将其从与支架的交接点处旋转20°，如图2-205所示。

（12）于原点绘制一个圆形，并选择圆形面作为路径，激活【路径跟随】命令，按住"Alt"键，形成灯罩面，如图2-206所示。

图2-202 【路径跟随】生
　　　　　成支架

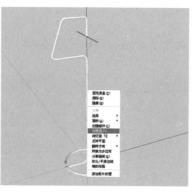

图2-203 创建支架群组

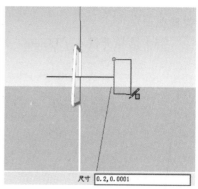

图2-204 绘制灯罩截面

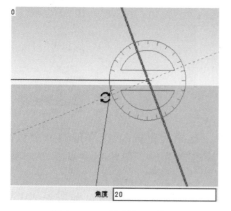

图2-205 旋转灯罩截面

图2-206 【路径跟随】生成灯罩

（13）选择灯罩，执行右键菜单栏中【创建群组】将支架创建群组，如图2-207所示。

（14）在灯罩与支架交界处的线条上，绘制一个长0.02m高0.01m的小矩形面，如图2-208所示。

（15）键入"M"将小矩形移动到交线的端点上，再选择灯罩与支架交界处的线条作为路径，再激活命令，点选小矩形面，完成路径跟随，如图2-209所示。

（16）将模型交错，如图2-210所示，选择灯罩群组与横支架，执行右键菜单栏【相交】中【与选项】命令，使得灯罩面与横支架交接处有交接线条，便于删除多余的线、面。

（17）为灯罩上色。整理模型，删除多余的线与面，如图2-211所示。

（18）选择淡黄色材质为灯罩上色，并调为半透明，选择灰色金属材质为灯支柱上色，如图2-212所示，即完成绘制简约立式灯具模型。

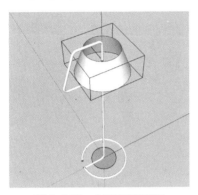

图2-207　创建灯罩群组

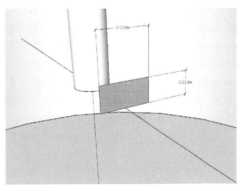

图2-208　绘制小矩形

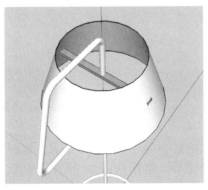

图2-209　【路径跟随】生成横支架

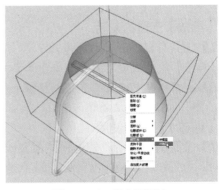

图2-210　绘制圆弧角

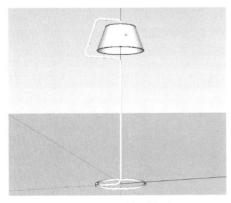

图2-211　整理模型

图2-212　为模型上色

2.3.5 【缩放】工具

【缩放】工具可以用于除只有一条直线的情况外，任何元素的大小缩放。【缩放】工具是基于多个控制点来进行缩放的，对于缩放在一个平面上的元素来说，以面为基础，其控制点有虚拟生成的矩形的四个角点、四条边线的四个中点以及中心点。而对于在空间上的物体来说，先虚拟生成一个立方体作为基础，而控制点又由立方体各面的控制点与立方体正中心点组成，如图2-213所示。

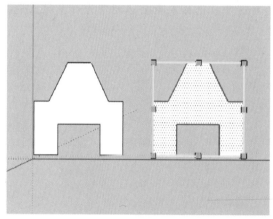
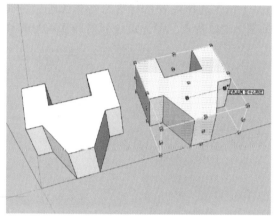

(a) 平面上物体的缩放　　　　　(b) 空间中物体缩放

图2-213　【缩放】工具与控制点

2.3.5.1 【缩放】工具的激活

【缩放】工具有以下三种激活方式：

➤ 择【工具】菜单栏中【调整大小】工具命令；
➤ 直接点选工具栏中缩放工具的图标；
➤ 键入"S"快捷键缩放物体。

2.3.5.2 【缩放】工具的使用

【缩放】工具的使用前，先选择好需要改变大小的物体后，再激活工具。鼠标左键单击一个控制点（或先激活工具再鼠标左键点选一个组件、群组或面），拖移鼠标至相应比例（同移动工具一样，可以输入数值来直接控制缩放比例），再单击鼠标左键，或在激活工具后直接点击鼠标左键部分，并拖曳至需要缩放的比例，如图2-214所示。

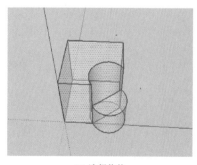
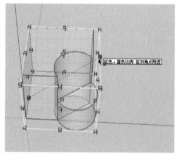
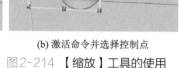
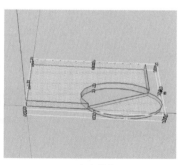

(a) 选择物体　　　(b) 激活命令并选择控制点　　　(c) 自由缩放

图2-214　【缩放】工具的使用

数值控制区会显示当前鼠标所在位置的缩放比例大小，且会自动捕捉"1.0"、"2.0"、"-1.0"等倍数所在的点。同时，在用输入数值控制缩放比例方法时，比例不能为零。

【缩放】工具使用时，还可以配合"Ctrl"键、"Shift"键或这两个键同时使用，分别代表以中心为基点缩放、等比例缩放（或不等比例）以及以中心为基点并等比例缩放（或以中心为基点不等比例缩放），分别如图2-215、图2-216、图2-217所示。

"Ctrl"键控制中心缩放，"Shift"键控制缩放时依据原有一对控制点缩放情况，在等比例或不等比例间转换。

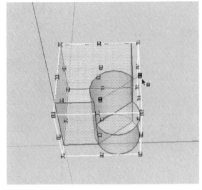 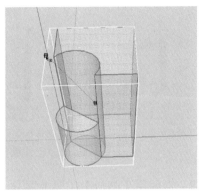

(a) 选择控制点　　　　　　　　　　　　　(b) 键入"Ctrl"缩放

图2-215　中心缩放

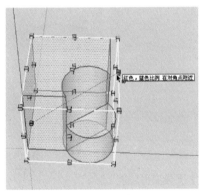 

(a) 选择控制点　　　　　　　　　　　　　(b) 键入"Shift"缩放

图2-216　等比例缩放

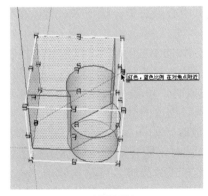 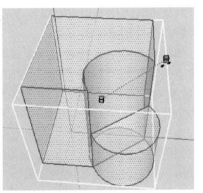

(a) 选择控制点　　　　　　　　　　(b) 同时键入"Ctrl"、"Shift"缩放

图2-217　中心等比例缩放

提示：配合"Ctrl"、"Shift"键使用时，必须按住不放，否则会还原成基本的缩放模式，而且，按住"Ctrl"、"Shift"键也就意味着不能用输入数值的方式精确控制缩放大小。

2.3.5.3 【缩放工具】的其他使用方式

镜像功能：【缩放】工具除基本的缩放大小功能外，还可以通过控制缩放的方向或输入的数值对物体进行镜像，如图2-218所示。

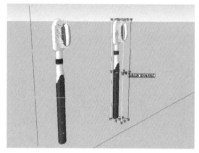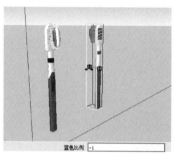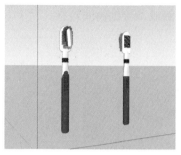

(a) 选择控制点　　　　(b) 同时拖移至反方向并键入"–1"缩放　　　　(c) 完成镜像

图2-218 【缩放】工具镜像功能

变形功能：当使用【缩放】工具对物体上部分线、面缩放时，会使得模型变形，如图2-219所示，通过此功能可快速创建类似【实例2-10】中的灯罩。

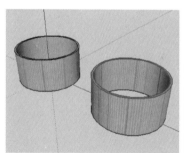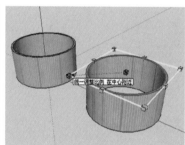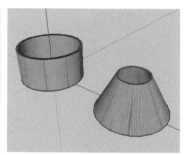

(a) 选择物体上面　　　　(b) 选择控制点　　　　(c) 完成变形

图2-219 【缩放】工具变形功能

2.3.5.4 【缩放】工具的控制点

通过选择【缩放】工具命令中不同组的控制点，可以对物体进行不同方式缩放，但其控制点可归为"对角点"、"边上中点"以及"面上中心点三类，接下来，将以在空间上的物体为例，逐一讲解各个控制点使用方式。

虚拟立方体的对角点：选择对角点缩放时，如图2-220所示，以选择的控制点为调节手柄，对角的角点为固定点（按住"Ctrl"键时，固定点变为物体中心点且为等比例缩放，按"Shift"键则转换为不等比例缩放）。此方式缩放时，可输入数值"*"，即自动缩放至"*"倍，若数值为负数时，则产生类似镜像，并且同时缩放的效果。

虚拟立方体的边上中点：选择边上中点缩放时，如图2-221所示，以选择的控制点为调节手柄，相对边的中点为固定点（按住"Ctrl"键时，固定点变为物体中心点且为不等比例缩放，按"Shift"键则转换为等比例缩放）。此方式缩放时，可输入数值"x,y"，即自动在相对的横轴方向缩放"x"倍、竖轴方向缩放"y"倍，若相应的数值为负数时，则相应方向产生类似镜像（有相对横轴反向、相对竖轴反向或横竖轴都反向三种情况），并且同时缩放

 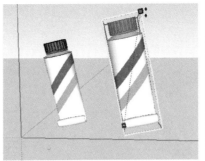 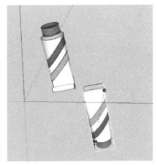

(a) 选择对角点控制点　　　　　　　(b) 拖曳鼠标缩放　　　　　　　(c) 相对方向镜像

图2-220　对角点缩放

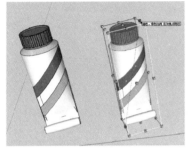 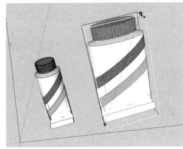 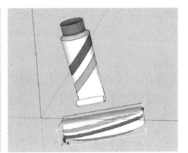

(a) 选择边上中点控制点　　　　　　(b) 拖曳鼠标缩放　　　　　　　(c) 相对方向镜像

图2-221　边上中点缩放

的效果。

　　虚拟立方体的面上中心点：选择面上中心点缩放时，如图2-222所示，以选择的控制点为调节手柄，相对面的中心点为固定点（按住"Ctrl"键时，固定点变为物体中心点且为等比例缩放，按"Shift"键则转换为不等比例缩放）。此方式缩放时，可输入数值"*"，即自动缩放至"*"倍，若数值为负数时，则产生类似镜像，并且同时缩放的效果。

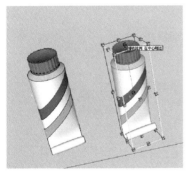 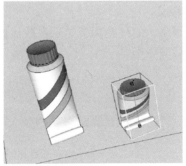 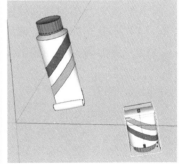

(a) 选择边上中点控制点　　　　　　(b) 拖曳鼠标缩放　　　　　　　(c) 相对方向镜像

图2-222　面上中心点缩放

2.3.6 【偏移复制】

　　【偏移复制】工具可以对一个平面上或一组共面的连续线条进行偏移复制，线条是直线的情况下，至少要两条直线，并且连接才能进行偏移复制。通过偏移工具能够快速绘制例如门、窗、花坛等物体细节、轮廓，但是要注意，使用【偏移复制】时，超过一定范围的情况下，容易产生偏移线条错乱，如图2-223所示。

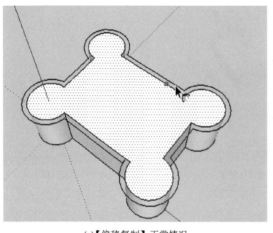
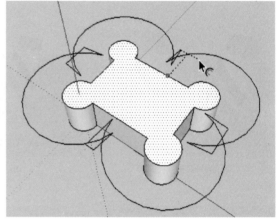

(a)【偏移复制】正常情况   (b)【偏移复制】错乱情况

图2-223 【偏移复制】工具出错情况

2.3.6.1 【偏移复制】工具的激活

【缩放】工具有以下三种激活方式：

➤ 选择【工具】菜单栏【偏移】工具命令；

➤ 直接点选工具栏中偏移复制工具的图标；

➤ 键入"F"快捷键缩放物体。

【偏移复制】工具使用时，可以分偏移连续线或偏移面上的边线，使用该工具有先选择连续线、面再激活命令，或先激活命令再点选面两种方式，以下以第一种为基准。

2.3.6.2 面的偏移

面的偏移操作流程如图2-224所示。

（1）用选择工具选中要偏移的面（一次只能给偏移工具选择一个面）。

（2）激活偏移工具。

（3）鼠标左键点击当前面的一条边，光标会自动捕捉最近的边线，同移动工具一样，可以输入数值来直接控制偏移距离。

（4）拖曳光标来定义偏移距离。偏移距离会显示在数值控制框中。

（5）点击确定，创建出偏移多边形。

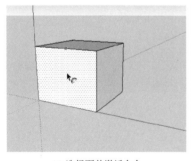
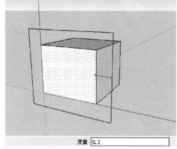
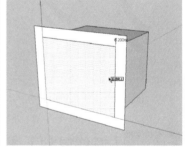

(a) 选择面并激活命令   (b) 拖移鼠标并输入"0.2"   (c) 完成偏移复制

图2-224 【偏移复制】工具偏移面

2.3.6.3 线的偏移

线的偏移操作流程如图2-225所示。

（1）用选择工具选中要偏移的线。你必须选择两条以上的相连的线，而且所有的线必须处于同一平面上。你可以用Ctrl键或Shift键来进行扩展选择。

（2）激活偏移工具。

（3）在所选的任一条线上点击，光标会自动捕捉最近的线段，拖曳光标来定义偏移距离。

（4）点击确定，创建出一组偏移线。

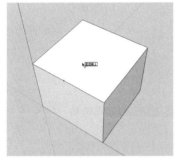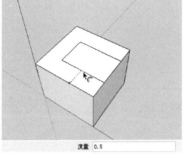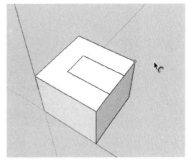

| (a) 选择连续线并激活命令 | (b) 拖移鼠标并输入"0.5" | (c) 完成偏移复制 |

图2-225　【偏移复制】工具偏移连续线

提示：①可以在线上点击并按住鼠标进行拖曳，然后在需要的偏移距离处松开鼠标。

　　②当对圆弧进行偏移时，偏移的圆弧会降级为曲线，将不能按圆弧的定义对其进行编辑。而当输入数值偏移的数值为负数时，将往反方向偏移。

【实例2-11】绘制木门

绘制如图2-226所示单扇木质门，门宽0.9m、高2.0m。

（1）绘制平面基础。键入矩形快捷键"R"，用鼠标左键单击于原点，输入数值"0.9,2.0"，再敲击"Enter"，如图2-227所示。

（2）键入偏移复制快捷键"F"，选择门框，往内偏移，输入数值"0.04"，并敲击"Enter"，如图2-228所示。

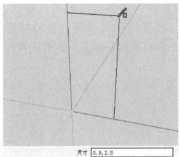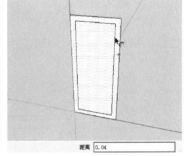

| 图2-226　单扇木质门 | 图2-227　绘制0.9m×2m的门框 | 图2-228　向内偏移0.04m |

（3）选择内部矩形，再次往内偏移，输入数值"0.1"，并敲击"Enter"，如图2-229所示。

（4）键入移动工具快捷键"M"，按住"Ctrl"往下移动复制，距离依次为0.3m、0.1m、0.525m、0.12m和0.525m，如图2-230所示。

（5）选择门框竖向轮廓，即图2-231中蓝色高亮部分，同时按住"Ctrl"，沿红轴移动复制，距离依次为0.26m、0.1m，如图2-231所示。

（6）选择六个小门洞面，并执行右键菜单栏中【创建组】命令，创建小门洞群组，如图2-232所示。

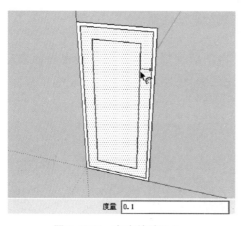

图2-229　向内偏移0.1m

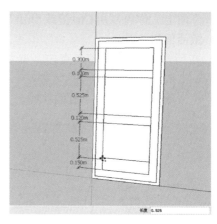

图2-230　移动复制门横向轮廓

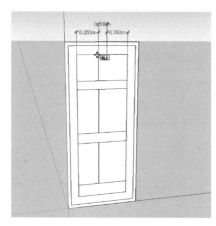

图2-231　移动复制门竖向轮廓

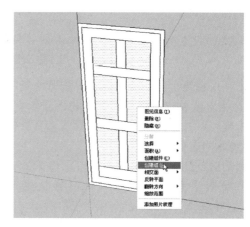

图2-232　创建小门洞群组

（7）键入快捷键"F"，往内偏移，偏移出门中间门牌位置，如图2-233所示。

（8）键入快捷键"M"，调整门牌的横向长度，将门牌两条竖直线往内移动0.15m，并且选择门框底线，按住"Ctrl"往上移动复制0.08m，标出底部门框高度位置，如图2-234所示。

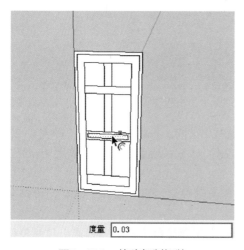

图2-233　偏移复制门牌

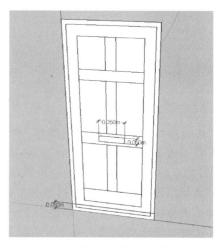

图2-234　移动工具调整门牌、门框

（9）键入橡皮擦快捷键"E"，删除多余线条，如图2-235所示。

（10）推出门的厚度。键入推拉工具快捷键"P"，分别将门框底座、门外侧框、内侧横竖块以及门牌推出0.08m、0.03m、0.02m以及0.03m，即可使用输入数值再敲击"Enter"的方式以及双击推出上次高度的方式推出门框的厚度，如图2-236所示。

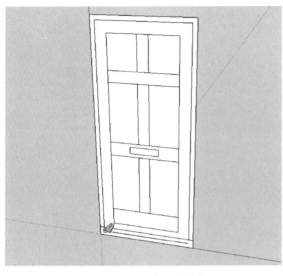

图2-235　删除多余线条　　　　　　　　　　图2-236　推出门框厚度

（11）打开群组，并将每一个小门洞推出0.03m，如图2-237所示。

（12）键入缩放工具快捷键"S"，选择小门洞表面，同时按住"Ctrl"键，中心缩放至0.7倍，如图2-238所示。

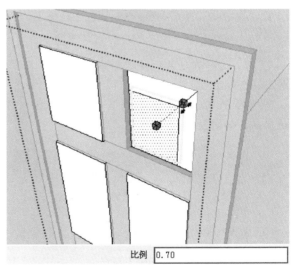

图2-237　推出门洞厚度　　　　　　　　　　图2-238　缩放出门洞样式

（13）绘制门把手。键入铅笔工具快捷键"L"，绘制门把手位置辅助线，使用多边形工具 ，在辅助线中点位置绘制一个外接圆半径为0.01m、边数为12的多边形，如图2-239所示。

（14）删除上部所示蓝色部分，并键入"P"，将圆形推出 0.01m，如图 2-240 所示。

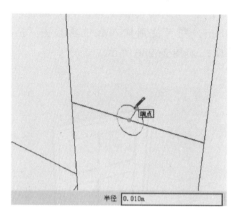

图2-239　绘制门把手与门相接面

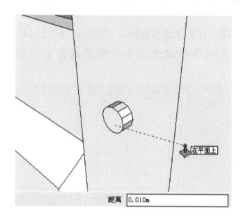

图2-240　推出把手座厚度

（15）键入"F"，将多边形偏移复制 0.015m，如图 2-241 所示。

（16）键入"P"，将多边形把手都推出 0.03m，如图 2-242 所示。

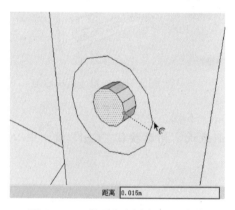

图2-241　偏移复制出门把手宽度

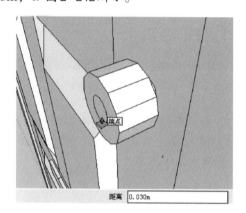

图2-242　推出门把手厚度

（17）选择内外两侧多边形线框，键入"M"，都沿绿轴往多边形体内部移动 0.005m，如图 2-243 所示。

（18）再次选择多边形线框，键入"M"，同时键入"Ctrl"键，沿绿轴移动到把手厚度的中点，如图 2-244 所示。

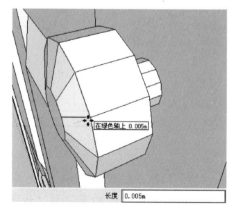

图2-243　移动出把手坡面

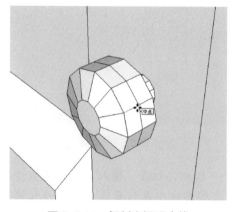

图2-244　复制出把手中线

（19）选择中心的多边形线框，键入"S"，同时按住"Ctrl"键，拖移鼠标放大至1.12倍，如图2-245所示。

（20）调整并填充材质。键入"E"，删除或同时按住"Shift"隐藏图形中多余线条，完成对图形整理，如图2-246所示。

（21）键入油漆桶工具快捷键"B"，选择相应材质，分别为门把手、门牌和木门填充相应材质，完成木质门绘制如图2-247所示。

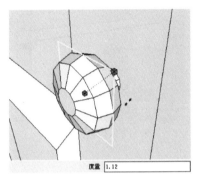

图2-245　缩放出把手最宽处　　　　图2-246　删除整理模型　　　　图2-247　填充材质

2.4　实体工具工具栏

【实体工具】工具栏包含了布尔运算常用的【交集】、【并集】及【差集】工具，如图2-248所示。此外还有【外壳】、【修剪】以及【分离】三个工具。在SketchUp中，实体是任何具有有限封闭体积的3D模型（组件或组）。SketchUp实体不能有任何裂缝，即平面缺失或平面间存在缝隙的情况。

图2-248　【实体工具】工具栏

2.4.1　【相交】工具

【相交】工具用于两个或多个实体，其功能是：使用后只保留相交的实体部分。如图2-249所示，（a）图为原图，（b）图所示为激活工具后，选长方体为第1个实体组，长方体内中间的半个圆柱体（为方便行文，以下简称柱体）为第2个实体组，（c）图为相交结果。

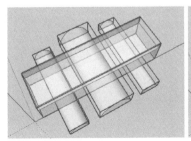
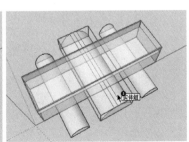
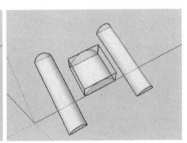

(a) 原有四个实体　　　　(b) 先点选长方体、再点选中间柱体　　　　(c) 仅保留相交部分

图2-249　【相交】工具使用方法

2.4.2 【去除】工具

【去除】工具用于两个实体,其功能是:将第二个选定实体的相交几何图形与第一个选定的实体进行合并。然后删除第一个实体,只保留第二个实体(减去其相交的几何图形),选柱体为第1个实体,长方体为第2个实体,合并结果如图2-250所示。

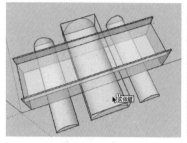 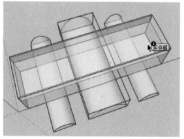 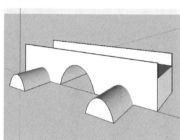

(a) 激活工具并点选柱体　　　　(b) 再点击选择长方体　　　　(c) 长方体上减去柱体部分

图2-250 【去除】工具使用方法

2.4.3 【修剪】工具

与【去除】工具类似,【修剪】仅用于两个实体,其功能是:将第二个选定实体的相交几何图形与第一个选定的实体进行合并。该工具与【去除】工具不同之处在于【修剪】工具会在结果中保留第一个实体。柱体为第1个实体,长方体为第2个实体,合并结果如图2-251所示。

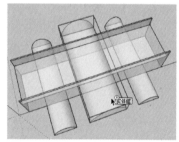 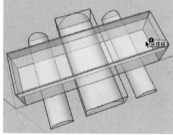 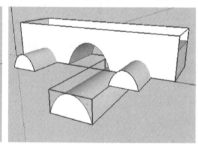

(a) 激活工具并点选柱体　　　　(b) 再点击选择长方体　　　　(c) 将柱体移动可观察到柱体保留

图2-251 【修剪】工具使用方法

2.4.4 【拆分】工具

拆分会在实体交迭的位置将两个实体的所有部分拆分为单独的组或组件,选柱体为第1个实体,长方体为第2个实体,合并结果如图2-252所示。

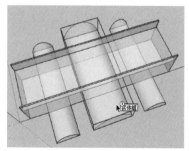 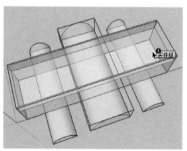 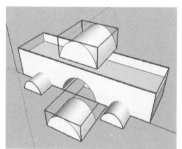

(a) 激活工具并点选柱体　　　　(b) 再点击选择长方体　　　　(c) 移动后观察被拆分为三块

图2-252 【拆分】工具使用方法

2.4.5 【并集】工具

使用【并集】工具时，会合并两个或多个交选实体的所有外表面，创建一个更大的
SketchUp实体。【并集】工具会在结果中保留所有内部几何图形。将群组全选之后激活命
令，合并结果如图2-253所示。

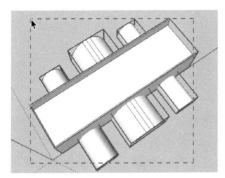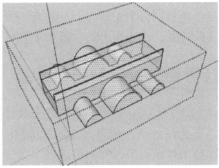

(a) 向左框选所有群组　　　　　　　　(b) 所有群组组成一个群组

图2-253　【并集】工具使用方法

2.4.6 【外壳】工具

此工具的作用类似于【并集】工具，但会从结果中删除所有内部几何图形。因此，【外
壳】工具是创建小型模型的首选工具，因为只需要模型的外表面便可表达设计意图，如图
2-254所示。

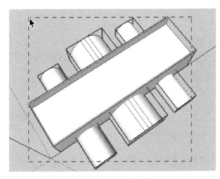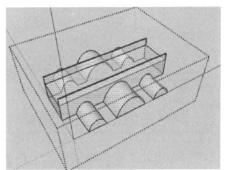

(a) 向左框选所有群组　　　　　　　　(b) 所有群组组成一个群组

图2-254　【外壳】工具使用方法

提示：【外壳】工具 只对全封闭的几何体有效，并且只对6个面以上的集合体才能
加壳。

2.5　沙盒工具栏

【沙盒】工具栏是SketchUp中自带的一个绘制曲面、地形的工具栏，如图2-255所示。
其中包括【等高线生成地形】 、【网格生成地形】 、【挤压】 、【印贴】 、【悬置】
、【栅格细分】 和【翻转边线】 七个命令。当使用沙盒工具生成曲面出现了多余或
错乱的现象，可以选择【视图】菜单栏【隐藏几何图形】命令，再打开曲面群组对其进行修
改或删除。

【沙盒】工具栏各命令除可以点击工具栏上图标来激活外，还可从【工具】菜单栏中【沙盒】子菜单栏中选择。

图2-255 【沙盒】工具栏

提示：需要注意的是，使用该工具栏进行大模型操作时，需要一定时间，切记不要中途点关闭SketchUp，否则容易使之前尚未保存的工作全部丢失。

2.5.1 【等高线生成地形】工具

使用此工具之前，必须先选择好需要生成的地形线，再点击该工具按钮，即可使选中的线条生成地形曲面群组，使用方法如图2-256所示。该工具不仅可以使封闭的等高线生成曲面，也可以使不封闭的多段等高线或使多条围合且不在一个面上的线条生成曲面。

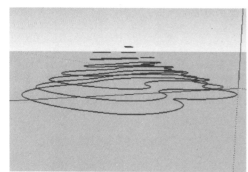

(a) 全选等高线　　　　　　　　　　　(b) 激活工具即生成曲面

图2-256 【等高线生成地形】工具使用方法

2.5.2 【网格生成地形】工具

默认时，使用此工具可以创建一个任意大小且栅格间距为0.1m的栅格网平面群组。在激活命令之后输入数值"*"以更改栅格间距大小为"*"。如图2-257所示，更改栅格距离为0.2m，并创建一个宽6m，长8m的栅格网。

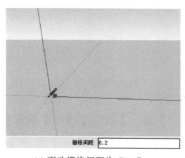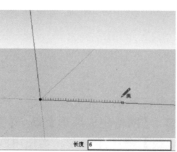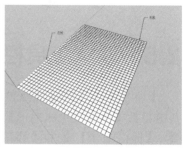

(a) 更改栅格间距为"0.2"m　　　(b) 沿红轴输入"6"、"Enter"　　　(c) 沿绿轴键入"8"完成创建

图2-257 【网格生成地形】工具使用方法

2.5.3 【挤压】工具

使用此工具能够对【网格生成地形】创建的网格或其他方法绘制的类似网格的平面进行以鼠标所在点为圆心最高（低）点，一定半径逐渐下降（上升）的挤压推出，从而生成类似于山峰（低谷）的形状。如图2-258所示，在宽6m，长8m的栅格网中，绘制一个设置半径为1.5m、高程为3m的山峰。

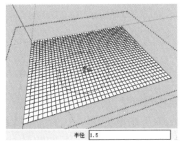
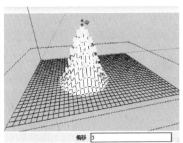
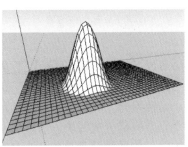

(a) 激活工具、更改半径为"1.5" m　　(b) 点击面上一点，向上拖移"3" m　　(c) 完成创建效果

图2-258　【挤压】工具使用方法

2.5.4 【印贴】工具

使用此工具，可以在复杂的地形表面上，以建筑物或其他物体的底面为基准，平整至周边一定大小的场地，使得建筑物或其他物体能更好地与地形相结合。其周边偏移大小可以在激活命令之后更改。使用方式可以先激活命令，更改偏移周边大小，再依次选择建筑物与地形，或是先选择建筑物，再激活命令，更改周边偏移大小，最后选择地形，如图2-259所示。

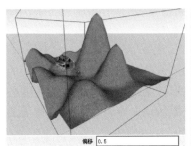
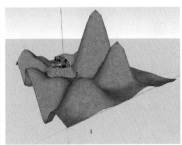

(a)选择建筑、激活命令、更改偏移为"0.5" m　　(b) 点选地形后升起一定高度　　(c) 将建筑移至基础面上完成创建效果

图2-259　【印贴】工具使用方法

2.5.5 【悬置】工具

使用此工具可以将物体的形状投影到地形上。与【印贴】的不同在于，使用【印贴】时，会创建一个基底平面，而【悬置】则是在曲面上添加了物体的轮廓。使用方式可以先激活命令，再依次选择物体与地形，如图2-260所示（为区分效果将右图中路面改变了材质色彩）。或是先选择物体，更改周边偏移大小，最后选择地形。

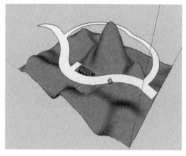

(a) 激活命令、点选道路

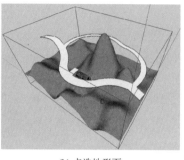

(b) 点选地形面

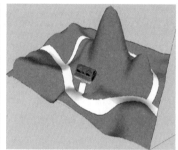

(c) 改变道路颜色、删除多余物体

图2-260 【悬置】工具使用方法

2.5.6 【栅格细分】工具

使用此工具可以将基础地形格栅面进一步细分，以便丰富地形细节。其细分原理是将一个正方网格分成四块，共形成八个三角形面。使用前必须打开或炸开栅格曲面，选择需要增加细节的面激活命令如图2-261所示，或先激活命令再逐一点击需要细化的面、再调整其细节高程。

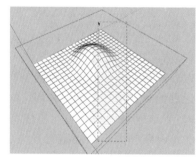

(a) 选择需要增加细节的面

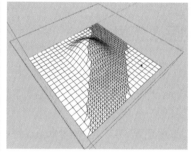

(b) 激活命令完成添加细节

图2-261 【栅格细分】工具使用方法

2.5.7 【翻转边线】工具

使用此工具能将地形的局部边线的方向进行修改，通过细节调整使得一些起伏地形间的错乱进行调整，使得边线转换方向，捋顺完善地形。但是在地形被柔化以后，使用此功能必须打开【视图】菜单栏中【隐藏几何图形】命令。使用方式是激活该命令，并逐一选择需要转换的边线即可，如图2-262所示。

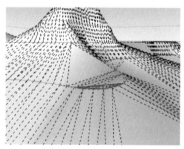

(a) 蓝色高亮处为地形错乱部分

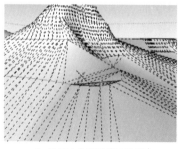

(b) 激活命令翻转相应边线

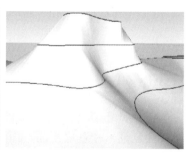

(c) 完成线翻转捋顺曲面

图2-262 【翻转边线】工具使用方法

技巧：在SketchUp中创建地形的工程比较大，
　　　　所以可以选择使用CAD软件绘制好地形
　　　　的平面图，甚至可以在其中地形线上
　　　　标上相应标高（以最低点标高为"0"），
　　　　再将CAD文件整理，导入SketchUp中，
　　　　便可直接得到类似如图2-263所示的等
　　　　高线，之后按照SketchUp中常规处理地
　　　　形方式处理，能够方便得到地形图。

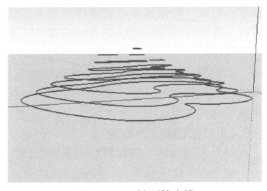

图2-263　地形等高线

2.6　本章小结

通过本章对各类工具栏的学习，要求基本掌握本章中各工具操作命令的用法以及基于这
一些工具的基本应用方式。

除这些单独的命令外，还应该清楚SketchUp中的一些基本操作，如选择与激活命令的
先后关系、数值输入方法、特殊键、智能捕捉方式等。在学习各项命令时，要多尝试摸索这
些基本操作，通过熟练使用这些操作能够大大加快建模效率。

2.6.1　选择与激活命令的先后关系

在SketchUp中，使用不同工具命令时，对选择物体与激活命令的先后关系有着不同的
要求和处理方式。例如【橡皮擦】工具就只能在激活命令后才能选择并擦除线条；而【移
动】工具先选择再激活可以移动大量选中物体，先激活再选择移动则受到相应的限制。

2.6.2　数值输入方法

数值输入方法的基本操作步骤为：输入数值，并键入"Enter"键确定。根据命令的不
同，其输入的数值可以是自然数、小数或分数，或者在个别命令中还可以搭配"x"或"/"
来使用。

通过数值输入方法能够快速复制或精确控制模型构成元素的大小距离等，使得SketchUp
创建模型基于一个更加真实化的创建方式。

2.6.3　特殊键

在不同的命令中，有着不同的特殊键，配合这些键可以快速实现一些特殊功能操作，但
基本通用的特殊键为"Shift"、"Ctrl"、"Alt"以及"Esc"四个功能键和"↑"、"↓"、"←"、
"→"四个方向键。

2.6.4　智能捕捉

SketchUp有一个强大的几何分析引擎，能够在二维屏幕上进行三维空间中的工作。通过
捕捉已有的几何体而产生的参考点，能够使得建立的模型更为精确。

SketchUp 2013中的智能捕捉功能更加灵敏，在识别到特殊的点或几何条件时会快速自

动显示出来。智能捕捉能够捕捉点及点的延伸线、线及线的延伸垂直方向以及平面及平面的方向。在捕捉识别时能够延伸捕捉多个元素，例如捕捉两点的水平面上轴线延伸相交点或直线垂直线与另一点的交点等捕捉方式。

当出现不能及时捕捉，或者 SketchUp 总是选择错误的捕捉关系时，可以将鼠标移至需要对齐的几何体上，来引导一个特定的捕捉关系，当出现工具提示后，SketchUp 就会优先采用这个捕捉关系。

2.6.4.1 智能捕捉的类型

（1）点的捕捉 捕捉模型中某一精确位置的参考点。

端点◎：绿色参考点，线或圆弧的端点。

中点◎：蓝色参考点，线或边线的中点。

交点●：黑色参考点，一条线与另一条线或面的交点。

在表面上的点◆：蓝色参考点，提示表面上的某一点。

在边线上的点■：红色参考点，提示边线上的某一点。

在组件、群组上的点◆：紫色参考点，在没有打开组件情况下，提示在组件、群组上某一点，并且将自动弹出捕捉点类型的相应提示。在打开组件或群组的情况下，虽然只可对内部模型进行编辑，但可以对组件外部各种类型参考点进行捕捉。

（2）线的捕捉 在空间中延伸的参考线。除了工具提示外，还有一条临时的虚线参考线。

在轴线上：表示沿某一条轴线延伸的参考线。实线，根据平行的红、绿、蓝轴线，分别为：红色，绿色，蓝色。

在点上：从一个点上沿着坐标轴的方向延伸的虚线。

垂直于边线：表示垂直于另一条边线的紫色参考线。

平行于边线：表示平行于另一条边线的紫色参考线。

端点切线：从一段圆弧的端点开始画弧。

半圆：画圆弧时，如果刚好是半圆，会出现"半圆"参考提示。

（3）平面的捕捉 绘图平面：如果 SketchUp 不能捕捉到几何体上的参考点，它将根据你的视角和绘图坐标轴来确定绘图平面。例如，在等轴视图情况下，于空白处创建的几何体将位于地平面上，即红绿轴所在平面。

在表面上：一个表面上的参考点为蓝色，显示"在表面上"参考提示。这用于锁定参考平面。

2.6.4.2 锁定捕捉

当使用各类工具被捕捉干扰正确绘图时，这时候就需要用到参考锁定，防止当前的捕捉参考受到不必要的干扰。

在捕捉到需要的参考后，按住 Shift 键就可以锁定这个参考捕捉方式。然后就可以在这个参考的方向约束下选择第二个参考点。

任何参考都可以锁定，例如沿着轴线方向，沿着边线方向，在表面上，在点上，平行或垂直于边线等等参考捕捉方式。

2.7 思考与练习

【练习2-1】如何使用【移动】工具和【旋转】工具改变形体并复制多个副本？

在选择好需要改变形状物体的边线、面之后，再激活【移动】或【旋转】工具，通过移动鼠标改变形状（通过移动点改变形状时，则先需要激活【移动】工具）。

复制副本则需要按住"Ctrl"键，拖移出需要的距离，再键入需要复制的副本数"*X"或"*/"即可。

【练习2-2】以【选择】工具为例，请问鼠标各键在SketchUp中的基本使用效果有哪些？

一个鼠标基本有"左键"、"右键"以及"中键（滑轮）"三个键，这三个键有着各自的使用功能。

左键：任何操作的基本选择方式都是使用点击鼠标左键。使用左键又有单击、点击不放并拖曳、双击以及三击四种方式，就【选择】工具来说，单击可以选择一个单独的线、面或群组、组件；点击不放并拖曳可以选择多个物体；双击可以选择一条线及其相邻的面、一个面及相邻的边线或打开群组或组件；三击可以选中线、面所在的单个物体或打开并全选点击到的组件、群组内单个物体。

右键：在选中物体时点击右键，可以弹出右键菜单栏，可以左键点击使用其中各项命令。

中键（滑轮）：点击中键不放并移动，即可以旋转视图，类似于【环绕观察】功能（注意在非漫游状态下使用）。往前或往后推动滑轮，即为【缩放】功能，可以将模型放大或缩小。

【练习2-3】请思考并操作如何用较快捷的方法绘制出如图2-264所示相框模型。

（1）绘制相框及相框脚架平面轮廓。键入矩形快捷键"R"，创建矩形平面，并键入偏移复制快捷键"F"，偏移复制出线框轮廓，如图2-265所示。

图2-264　相框

（2）键入铅笔快捷键"L"，绘制一个如图2-266所示的线框脚架。

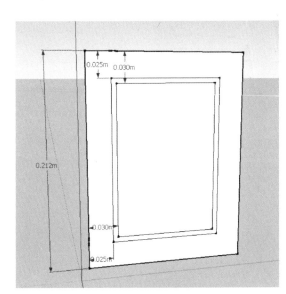

图2-265　绘制相框轮廓

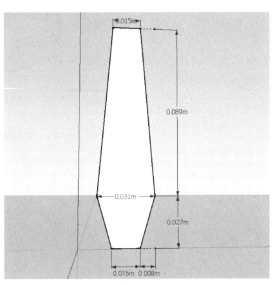

图2-266　绘制相框脚架轮廓

（3）推出相框及相框脚架厚度。键入推拉快捷键"P"，推出相框厚度，并将其创建为群组，如图2-267所示。

（4）推出相框脚架厚度，并键入"F"偏移复制出相框与脚架连接厚度，并将其创建成群组，如图2-268所示。

（5）键入快捷键"Q"将相框脚架旋转45°，再将其移动至相框背面，将支架上端面旋转至与背面贴合，并将相框与相框脚架创建成群组，如图2-269所示。

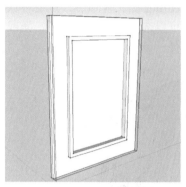
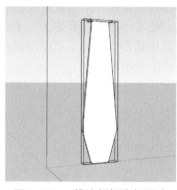
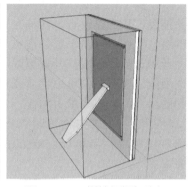

图2-267 推出相框厚度　　图2-268 推出相框脚架厚度　　图2-269 拼接相框与脚架

（6）为模型添加材质。分别为模型中相框、脚架与相片处添加材质，并旋转一定角度，即可完成，如图2-270所示。

图2-270 添加材质后完成相框建立

第 ③ 章
SketchUp 2013辅助绘图工具

SketchUp 2013中除制图工具栏外，还有标准、视图、样式、图层、构造、剖切、阴影、相机、模型库、Google以及高级镜头十一个辅助工具栏。

在本章中，将具体讲述这十一个工具栏的基本操作和使用方式。

3.1 标准工具栏

【标准】工具栏如图3-1所示，主要功能是管理文件、打印和查看帮助。包括【新建】、【打开】、【保存】、【剪切】、【复制】、【粘贴】、【删除】、【撤销】、【重做】、【打印】和【模型信息】共十一个工具命令。

图3-1 【标准】工具栏

提示：【标准】工具栏中的各类基本操作命令是基于操作系统的各类操作方式，例如【打开】、【保存】、【剪切】、【复制】、【粘贴】等工具的基本操作功能与电脑系统内的相应功能一致，相应的快捷键也同样一致。

3.1.1 【新建】工具

在SketchUp中新建一个模型有四种方式：

➢ 直接双击打开SketchUp图标，即为新建的模型文件；
➢ 点击【新建】工具图标；
➢ 执行【文件】菜单栏中的【新建】命令；
➢ 直接键入新建文件的快捷键"Ctrl"+"N"新建文件。

【新建】工具，即SketchUp中创建新文件的工具命令。若新建一个文件时，当前文件做了更改而未保存，将会弹出一个询问是否保存当前文件的对话框，如图3-2所示，选择【是】即保存更改并新建一个文件；选择【否】则不保存更改但新建一个文件；选【取消】则取消新建文件操作，并返回到原文件中。

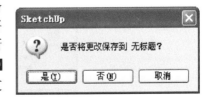

图3-2 是否保存当前文件对话框

3.1.2 【打开】工具

【打开】工具 ，即打开原有的SketchUp文件的工具命令。若执行此命令，则当前的模型文件将自动关闭转换为新打开的模型，若当前文件更改后未保存，也会弹出一个询问对话框。在【文件】菜单栏中默认会自动保存最近打开的8个文件。

在SketchUp中，打开文件有五种方式：

➤ 直接找到文件夹中需要打开的模型文件，双击即可打开该模型；

➤ 点击【打开】工具图标 ，在弹出的如图3-3所示【打开】面板中，找到需要打开的文件，再点击打开即可；

➤ 执行【文件】菜单栏中的【打开】命令；

➤ 直接键入打开文件的快捷键"Ctrl"+"O"打开文件；

➤ 在最近打开过该文件的情况下，可以直接在【文件】菜单栏中寻找最近打开过的文件。

图3-3 【打开】面板

3.1.3 【保存】工具

【保存】工具 ，即保存当前模型文件的工具命令。若文件第一次保存时会弹出【另存为】面板，如图3-4所示，保存时先选择好保存的地方，再为其命名，点击保存即可。若是已经保存过的文件，则不会弹出【另存为】面板。

当需要把文件另存时，可以执行【文件】中【另存为】或【副本另存为】命令。

图3-4 【另存为】面板

提示：保存的文件类型中有SketchUp文件多个版本的保存方式，由于版本低的软件不能够
　　　打开版本高的文件，所以应尽量以低版本模式保存。例如图3-4以SketchUp 7的方式
　　　保存即可基本满足要求。

在SketchUp中保存模型文件有三种方式：

➤　点击【保存】工具图标 ；
➤　执行【文件】菜单栏中的【保存】命令；
➤　直接键入快捷键"Ctrl"+"S"保存文件。

3.1.4　【剪切】工具

【剪切】工具 ，即剪切并存储模型中当前选择的物体，以备复制副本。当没有选择任
何物体时，其图标呈灰色 ，不能够使用该工具。请注意，其剪切基点为虚拟包裹物体的
正方体前左下角。

可以通过以下三种方法【剪切】物体：

➤　点击【剪切】工具图标 ；
➤　执行【编辑】菜单栏中的【剪切】命令；
➤　直接键入快捷键"Ctrl"+"X"。

3.1.5　【复制】工具

【复制】工具 ，即复制选中的物体，以备创建多个副本（仅在选择物体的情况下，才
能使用此工具）。请注意副本复制时，其复制基点为虚拟包裹物体的正方体前左下角。此复
制方法可以方便地从一个模型文件中复制副本到另外一个文件，但若是在一个模型文件中复
制，则不如使用【移动】或【旋转】工具复制来得精确方便。

可以通过以下三种方法【复制】物体：

➤　点击【复制】工具图标 ；
➤　执行【编辑】菜单栏中的【复制】命令；
➤　直接键入快捷键"Ctrl"+"C"。

3.1.6　【粘贴】工具

【粘贴】工具 ，即将复制或剪切的物体粘贴出来，创建副本，并且每【粘贴】一次，
仅复制一个副本。注意，【粘贴】功能使用的前提是必须复制或剪切了模型文件中的物体，
这个物体可以不在同一个模型文件中。

除以虚拟包裹物体的正方体前左下角为基点的【粘贴】方式外，还可以执行【编辑】菜
单栏中【原位粘贴】，此功能可以在有组件或群组的情况下，实现空间中模型与组件或群组
中模型快速原位复制粘贴。

可以通过以下三种方法【粘贴】物体：

➤　点击【粘贴】工具图标 ；
➤　执行【编辑】菜单栏中的【粘贴】（或【原位粘贴】）命令；
➤　直接键入快捷键"Ctrl"+"V"。

在激活【粘贴】后，可以发现光标处出现了之前复制或剪切的物体，再于相应的位置点

击鼠标左键放置该物体即完成粘贴操作。

3.1.7 【删除】工具⊗

【删除】工具⊗即删除选中的任意物体。此工具与【橡皮擦】工具的使用方式刚好相反，【删除】工具必须先选物体再删除。在需要删除单个面时，只能使用【删除】工具，而且在需要删除很多个元素物体时，一般优先使用【删除】工具而不用【橡皮擦】工具。

【删除】工具除点击【删除】工具图标⊗外，还可以执行【编辑】菜单栏中的【删除】命令，或者键入其快捷键"Delete"，删除相应物体。

3.1.8 【撤销】及【重做】工具 ↩、↪

【撤销】、【重做】工具是在建造模型时，有操作错误或是为对比最近操作步骤影响的情况时，可以撤销之前的步骤，并且在撤销之前步骤之后，不作任何变动又可以还原之前撤销的步骤。

【撤销】、【重做】工具的使用方式除可以点击其图标↩、↪外，可以执行【编辑】菜单栏中的【撤销】与【重做】命令，它们的快捷键分别是"Ctrl"+"Z"与"Ctrl"+"Y"。

3.1.9 【打印】工具 📖

【打印】工具📖，即将当前绘图区显示内容打印出来。根据选择的打印机不同，可以将内容打印至纸张上，也可以图片模式打印至电脑中。打印之前，还可以执行【文件】菜单栏中的【打印预览】命令，观察当前打印页面是否符合需求。

【打印】工具除点击【打印】工具图标📖外，还可以执行【文件】菜单栏中的【打印】命令，或者键入其快捷键"Ctrl"+"P"来打印。

3.1.10 【模型信息】工具 📷

点击【模型信息】工具📷，将弹出【模型信息】面板，如图3-5所示，其中有【尺寸】、【单位】、【地理位置】、【动画】、【统计信息】、【文本】、【文件】、【信用】、【渲染】以及【组件】十个面板，在这十个面板中分别可以对其相应的属性进行一定的调整。鉴于其调整方法将于相应实例中详细讲解，在此就不再一一赘述。

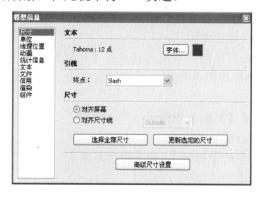

图3-5 【模型信息】面板

3.2　视图工具栏

　　SketchUp中仅有单一的一个绘图区，不能同时显示顶视图、右视图、左视图等各个视角的视图。但是SketchUp【视图】工具栏（图3-6）中提供了一些预设的标准角度的视图：等轴视图（如图3-7所示），顶视图（如图3-8所示），前视图（如图3-9所示），右视图（如图3-10所示），左视图（如图3-11所示）和后视图（如图3-12所示），单击工具栏上各图标即可切换至相应视角观察模型。

图3-6　【视图】工具栏

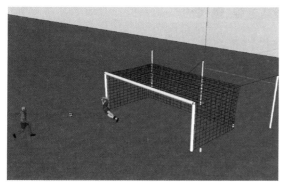

图3-7　"等轴视图"显示效果

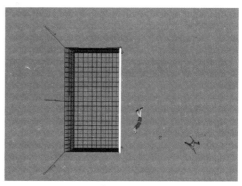

图3-8　"顶视图"显示效果

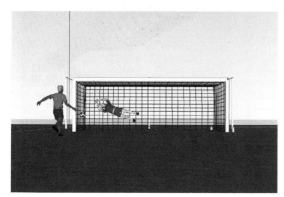

图3-9　"前视图"显示效果

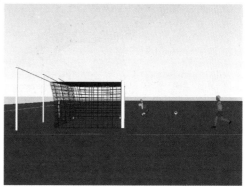

图3-10　"右视图"显示效果

图3-11　"左视图"显示效果

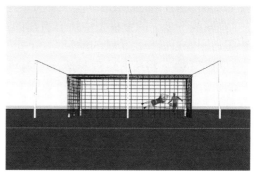

图3-12　"后视图"显示效果

提示：【视图】工具栏还应配合【镜头】菜单栏中【平行投影】、【透视图】以及【两点透视】
　　　灵活使用。例如要导出标准建筑立面前视图，则需选择【平行投影】之后，再点击前
　　　视图工具，才能对模型进行导出图像。

3.3　样式工具栏

在建模时可以用【样式】工具栏快速切换模型显示样式，以方便作图。【样式】工具栏
如图3-13所示，左右侧分别为线型显示样式（被遮挡看不见的线型是否显示）与整体显示
样式（含五类类实体材质、线型显示样式）。除选择右侧"线框显示"外，左右两侧样式类
型可以同时各选择其一来搭配使用。

图3-13　【样式】窗口菜单栏

"X射线" ⬙：将面转成透明材质显示，并显示出被遮挡的线，如图3-14所示。打开X
射线模式进行建模，可以轻易看到、选择和捕捉原来被遮挡住的点和边线。"表面"阴影在
X光透视模式下是无效的。地面阴影显示也只有打开后才可见。要注意的是，X光透视模式
不同于透明材质。

"后边线" ⬙：将被遮挡的线显示为虚线，如图3-15所示。

图3-14　"X射线"与"阴影纹理"显示效果　　图3-15　"后边线"与"阴影纹理"显示效果

"线框" ⬙：关闭面的可见性，仅显示线框，如图3-16所示。此模式下将不能使用那些
基于表面的工具，如推/拉工具。

"隐藏线" ⬙：隐藏模型中所有背面的边和平面的颜色，如图3-17所示。此模式在打印
输出黑白图像后能使用传统的编辑方式，可在图纸上进行手工描绘。

"阴影" ⬙：将所有纹理材质显示为单色材质，并在物体上反映光源，如图3-18所示。
在SketchUp中，表面的正反两面可以赋予不同的颜色和材质，如果表面没有赋予颜色，将
显示默认颜色。

"阴影纹理" ⬙：显示所有材质纹理，并在物体上反映光源，如图3-19所示。因为渲染
贴图会减慢显示刷新的速度，不应该经常切换到阴影模式，一般在进行最后渲染的时候才切
换到阴影贴图模式。

"单色" ⬙：关闭材质显示效果，仅显示模型正反面的白色和灰色，如图3-20所示。

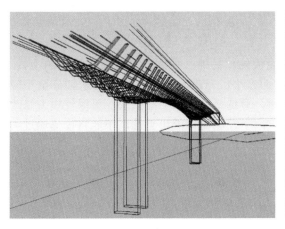

图3-16　"线框"显示效果

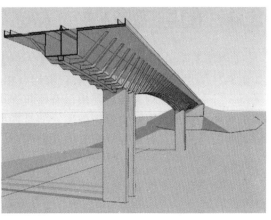

图3-17　"隐藏线"显示效果

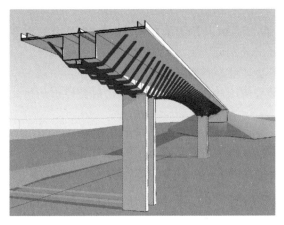

图3-18　"阴影"显示效果

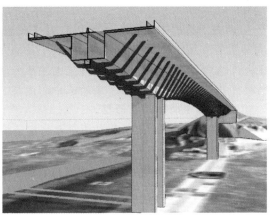

图3-19　"阴影纹理"显示效果

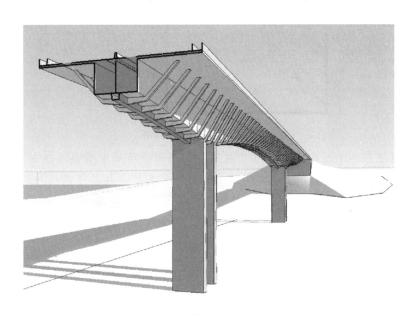

图3-20　"单色"显示效果

3.4 图层工具栏

【图层】工具栏是SketchUp中除【大纲】面板外，另外一种划分层级便于管理的工具，如图3-21所示。其使用频率一般较群组、组件而言小，但是合理地将图中元素划分至相应图层，特别是在景观大场景建模以及建筑建模时，有选择的显示一些图层，可以使模型修改编辑更加顺畅，从而提高绘图效率。但是图层仅用于控制物体的可见性，不能将物体通过关联其他图层的方式分离独立于其他几何图形。

图3-21　图层工具栏

默认情况下，SketchUp 模型只有一个图层，即"图层0"，这也是模型的基础图层。"图层0"不能删除，也不能重命名，所有的图元都应在"图层0"上绘制，并保留在"图层0"上。

点击工具栏中![图标]图标，可以打开【图层】窗口菜单，如图3-22所示。该菜单中的命令可以查看并编辑模型中图层状况，其中各命令含义分别如下所述。

➤ 【增加图层】按钮⊕：为当前文件添加新图层。增加新图层时，可为其命名。
➤ 【删除图层】按钮⊖：删除选中的图层。若要删除的图层包含有物体，则会弹出如何处理该图层物体的对话框。
➤ 【显示】标签：某图层取消勾选此标签选项时，该图层所有物体将全部隐藏。
➤ 【颜色】标签：该标签选项显示了每个图层的颜色。单击色块，可以更改图层颜色。
➤ 【详细信息】按钮![图标]：点击可以打开如图3-22中所示菜单，可以管理现有图层。

图3-22　【图层】窗口菜单栏

提示：群组、组件属于【大纲】的层级，当在组的【图元信息】的对话框中选择某一个图层，则该图层将关联到组，而不是将组移动到图层，也就是说图层是组的一个属性。通过此方法设置后，能够方便快捷的关闭图层显示从而隐藏组。

3.5 构造工具栏

【构造】工具栏如图3-23所示，是SketchUp中辅助绘图的基本测量、标注的重要工具栏，掌握本工具栏的使用能更为精确地创建SketchUp模型。该工具栏中包括【卷尺】、【尺寸】、【量角器】、【文本】、【坐标轴】以及【3D文本】共六个辅助工具。

图3-23　【构造】工具栏

3.5.1 【卷尺】工具

【卷尺】工具是基本的测量距离的工具，并且能够创建辅助线、参考点或缩放整个模型。

3.5.1.1 【卷尺】工具的激活

【卷尺】工具有以下两种激活方式：

➢ 选择【工具】菜单【卷尺】工具命令；

➢ 直接点选工具栏中卷尺工具的图标 。

3.5.1.2 测量距离

【卷尺】工具最基本的功能即是测量距离，该工具可以测量空间中任意两点之间的距离，如图3-24所示，具体步骤如下：

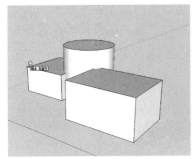
(a) 单击起始端点
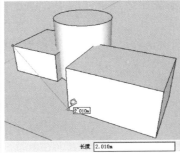
(b) 拖移至需要测量的点
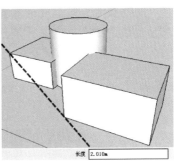
(c) 点击测量终点

图3-24　测量距离操作

（1）激活【卷尺】工具；

（2）鼠标左键单击需要测量的起点，拖移至相应方向，（同时也可以使用点击鼠标左键不放的方式拖移至需要测量的第二点）；

（3）拖移鼠标时，会出现一条虚线，类似于参考线，当平行于坐标轴时会改变颜色。当移动鼠标时，数值控制框会动态显示虚线的长度；

（4）再次点击确定测量的终点，最后测得的距离会显示在数值控制框中。

3.5.1.3 绘制辅助线、参考点

使用【卷尺】工具可以绘制辅助线与参考点，可以按住Ctrl键，在添加辅助线、参考点与测量距离的功能间切换。当鼠标右下方出现一个"+"号，表示当前为绘制辅助线或参考点的模式。其绘制步骤与测量步骤相似，但在确定了虚线参考线的方向后，可直接输入相应的数值确定辅助线、参考点与起点间的距离。通过这个功能的使用，能够便捷地做出空间上一些不利于捕捉的点、线，大大节约建模时间。

在绘制辅助线、参考点时，对于起始点有相应的要求。

绘制辅助线有两种情况：

➢ 绘制平行于边线的无限长的辅助线，要求起点必须在一条边线的非端点上，如图3-25(a) 图所示。

➢ 绘制沿起始点线段方向的无限长的辅助线，要求起点或端点在边线的端点上，如图3-25(b) 图所示。

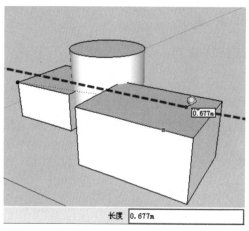

(a) 平行于边线的辅助线　　　　　　　　　(b) 沿起始点线段方向的辅助线

图 3-25　绘制辅助线

　　绘制参考点时，要求起点不能在边线上非端点、中点的任意点，如图 3-26 所示，若要求起点在边线上，则必须通过捕捉其他点的方式完成，如图 3-27 所示，先将鼠标放置在左侧端点上停留，再按 "→" 方向键，移动到终点即可绘制辅助点。

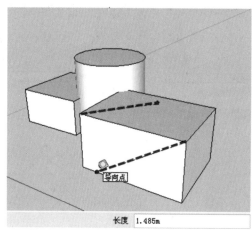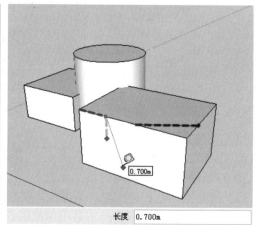

(a) 起点在端点上　　　　　　　　　　　　(b) 起点在边线非端点上

图 3-26　绘制参考点

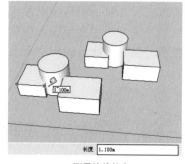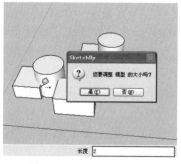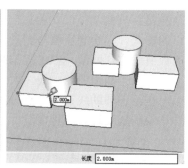

(a) 测量边线长度　　　　(b) 键入 "2"、"Enter" 弹出对话框　　　(c) 点击【是】再次测量长度为 2

图 3-27　外部缩放

3.5.1.4　缩放模型

这是通过测量距离后，再直接键入需要的大小尺寸并按Enter键，单击弹出对话框中的【是】按钮，确定更改模型大小，如图3-28所示。通过这个方式还可以使模型大小更加精确，也可以在各种单位间快速转换。

在没有打开组件或群组的情况下使用此功能，将改变该文件中除从外部载入的组件所有图形文件大小。在打开组件和群组使用【卷尺】工具缩放时，除相应组件、单个群组以外，其他模型大小不改变，分别如图3-28、图3-29所示。注意模型中，某组件内部大小改变，则同一组件全部改变大小。

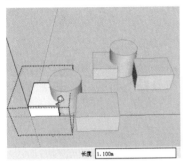
(a) 打开群组、测量边线长度

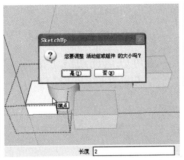
(b) 键入 "2"、"Enter" 弹出对话框

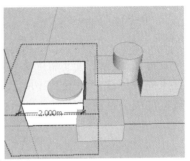
(c) 点击【是】完成单个群组缩放

图3-28　群组外部缩放

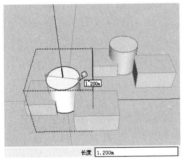
(a) 打开组件、测量边线长度

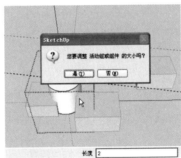
(b) 键入 "2"、"Enter" 弹出对话框

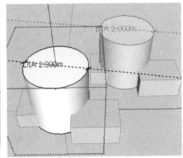
(c) 点击【是】完成相应组件缩放

图3-29　组件外部缩放

3.5.2　【尺寸】工具 ✎

【尺寸】工具可以对模型进行尺寸标注。SketchUp中能够标注的点包含端点、中点、边线上的点、交点以及圆或圆弧的中心点，且能够直接标注各类边线。

尺寸标注的样式可以在【模型信息】面板的【尺寸】页面中更改，其中可更改字体、字号大小、引线端点样式、尺寸显示方式等。

3.5.2.1　【尺寸】工具的激活

【尺寸】工具有以下两种激活方式：

➢　选择【工具】菜单【尺寸】工具命令；

➢　直接点选工具栏中尺寸工具的图标 ✎。

3.5.2.2　标注线段

激活【尺寸】工具后，直接点击任意线段（无论是否在面或者几何体上）的两个端点，拖出尺寸位置，再次点击鼠标即可标注，如图3-30所示。

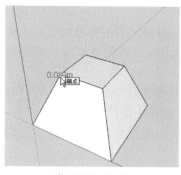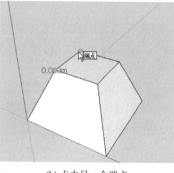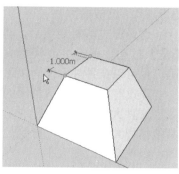

(a) 激活工具、点击起点　　　　(b) 点击另一个端点　　　　(c) 拖出尺寸位置

图3-30　端点法标注线段

标注线段除通过端点标注外，还可以点选边线上非端点、非中点处，直接拖出尺寸位置来完成标注，如图3-31所示，当激活工具后，鼠标移动到任意直线上非端点、中点位置，被标注线会呈现蓝色高亮显示状态。

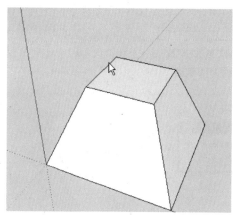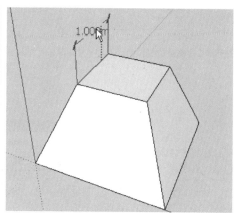

(a) 激活工具、移动到线上　　　　　　(b) 点击线并拖出尺寸位置

图3-31　线段法标注线段

技巧：对于平行于轴的线条仅可以沿坐标轴红绿蓝三条轴线中非平行的轴线方向拖出尺寸标注线，而对于不平行于轴的线在绘制尺寸时，除可沿红绿蓝三条轴线中非平行的轴线方向拖动外，还可沿该线条的垂直方向拖出尺寸标注，如图3-32所示。

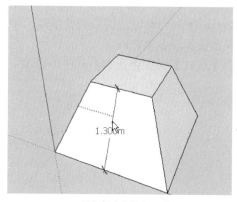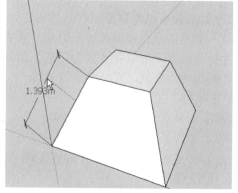

(a) 沿红轴方向拖出尺寸　　　　　　(b) 沿边线垂直方向拖出尺寸

图3-32　不平行于轴的线可拖出的尺寸方向

3.5.2.3　标注直径

激活【尺寸】工具，然后点击需要标注的圆，再移动鼠标旋转并拖移出标注尺寸的位置，再次点击鼠标左键确定，完成标注，如图3-33所示。当激活工具后，鼠标移动到圆上，则圆呈现蓝色高亮状态。

 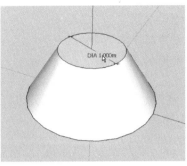 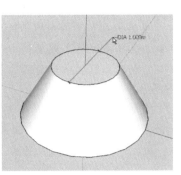

(a) 激活命令，移至圆上　　　　　　　(b) 拖移旋转尺寸位置　　　　　　　(c) 再次点击鼠标确认

图3-33　标注直径

3.5.2.4　标注半径

激活【尺寸】工具后，直接点击要标注的圆弧，拖移出标注的位置，再次点击鼠标确认即可，如图3-34所示，当激活工具后，鼠标移动到圆弧上，则圆弧呈现蓝色高亮状态。

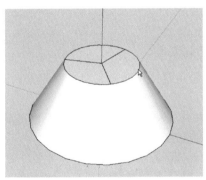 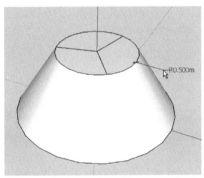

(a) 激活命令，移至圆弧上　　　　　　　　　　(b) 拖出尺寸位置

图3-34　标注半径

技巧：半径标注与直径标注可以互换。互换的方式为：在标注的尺寸上点击右键，选择【类型】中的【半径】或【直径】即转换为半径或直径标注，如图3-35所示。

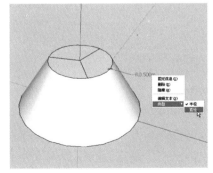 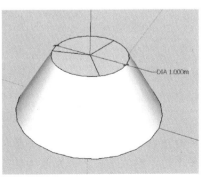

(a) 在右键菜单栏中转换【类型】　　　　　　　　(b) 半径变为直径标注

图3-35　直径标注与半径标注的转换

3.5.3 【量角器】工具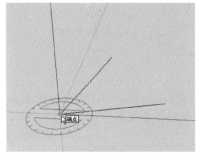

【量角器】工具是测量空间中任意角度的工具，同时也能够创建辅助线。

3.5.3.1 【量角器】工具的激活

【量角器】工具有以下两种激活方式：

➢ 选择【工具】菜单栏中【量角器】工具命令；

➢ 点选工具栏中量角器工具的图标 。

3.5.3.2 测量角度

【量角器】工具最基本的功能即是测量角度，该工具可以测量空间中任意两条非平行的线或三个点之间的角度，如图3-36所示，具体步骤如下：

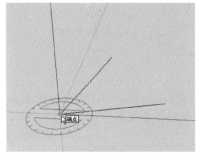
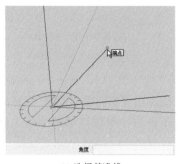
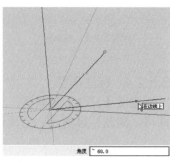

| (a) 激活命令、选择基准面并移至基点 | (b) 选择基准线 | (c) 选择第二条线 |

图3-36 测量角度

（1）激活【量角器】工具命令，出现一个量角器（与旋转工具的度量尺一致），中心位于光标处。

（2）移动鼠标，找到量角器基准面，可以按住"Shift"锁定基准面，再将鼠标移动至测量角度的基点（基点是两条线的夹角点或延伸相交点），并用左键点选。

提示：在垂直于红、绿、蓝轴的各个平面上，量角器会呈现相应的颜色，当基准面在非红、绿、蓝轴的任意面上，可以先做一个辅助面，使得量角器捕捉到该面，如图3-37所示。

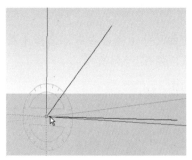
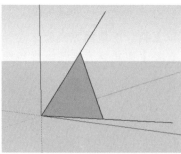
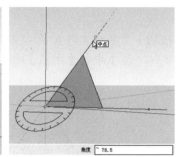

| (a) 激活命令时不能找到正确面 | (b) 绘制辅助面 | (c) 捕捉辅助面测量两线间夹角 |

图3-37 绘制辅助面以便测量

（3）放置好基点之后，则出现一条测量角的基线。将量角器的基线对齐到测量角的起始边上，根据参考提示确认是否对齐到适当的线上，点击"确定"按钮确认。

（4）拖动鼠标旋转量角器，捕捉要测量的角的第二条边。光标处会出现一条绕量角器旋转的点式辅助线。再次点击完成角度测量。角度值会显示在数值控制框中。

3.5.3.3 创建角度辅助线

创建辅助线的方法与测量角度一致，在测量完成后即出现一条辅助线。

在最后一步确定角度时，也可以通过输入角度"*"或"x :y"斜率的数值，再按Enter键来直接创建角度辅助线，如图3-38所示。

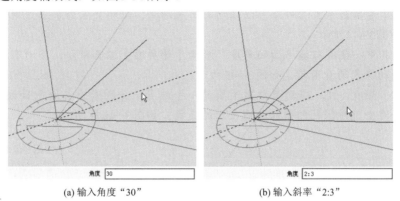

(a) 输入角度"30"   (b) 输入斜率"2:3"

图3-38 输入数值法创建辅助线

下面以测量电视塔两条不相邻且不平行的线条的角度，以及在垂直绿轴平面上其中一条线与地平面的夹角，练习【量角器】工具的使用。

【实例3-1】测量广州小蛮腰电视塔（图3-39）

图3-39 广州小蛮腰电视塔

（1）复制线条。打开模型，并打开群组，选择两条不平行的线条，如图3-40所示，两条线为蓝色高亮部分显示。

（2）按下Ctrl+C快捷键复制线条，按Esc键退出群组，再按下Ctrl+V快捷键，在绘图区空白处点击鼠标，将两条线复制出来，如图3-41所示。

图3-40 选择两条不平行不相交线条   图3-41 复制出线条

（3）测量两条线的夹角角度。选择其中一条线条，键入M快捷键，将该线条移动至与另一条线条端点相交，如图3-42所示。

（4）键入"L"快捷键，用【铅笔】工具连接两条线段上任意点，以绘制辅助面，如图3-43所示。

（5）激活【量角器】工具命令，以辅助面为基础面，以相交点为基点，测量出两条线间夹角角度，如图3-44所示。

（6）测量其中一条线与地平面的角度。激活【量角器】工具命令，移动基准面，使其成为垂直于绿轴的绿色的量角器，如图3-45所示。

（7）按住"Shift"键，移动量角器至线的一个端点，并测量出与红色轴线之间的角度，即测出该线条在垂直于绿轴的平面与地平面的夹角，如图3-46所示。

图3-42　移动线条

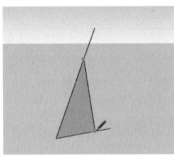

图3-43　绘制辅助面

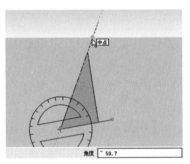

图3-44　测量夹角

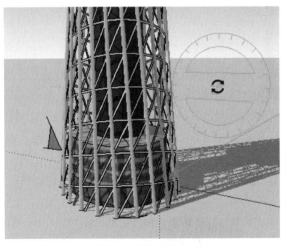

图3-45　捕捉垂直于绿轴的绿色基准面

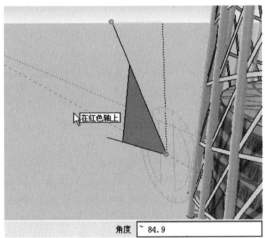

图3-46　测量角度

3.5.4 【文本】工具

【文本】工具可以为模型添加文本标签，文本标签主要分两类：一类是标注名称、文字，如图3-47所示；另一类则是标注各类尺寸，如图3-48所示。

【文本】标签中文字和引线的样式可以在【模型信息】中【文字】面板中更改，包括字体类型、大小和颜色、引线样式等，如图3-49所示。

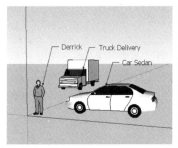

图3-47　文字文本标签

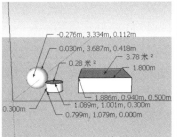

图3-48　尺寸文本标签

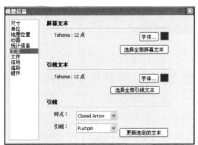

图3-49　更改标签样式

3.5.4.1　【文本】工具的激活

　　【文本】工具有以下两种激活方式：

➢　选择【工具】菜单栏中【文本】工具命令；

➢　点选工具栏中文本工具的图标 。

3.5.4.2　【文本】工具的使用

　　激活【文本】工具，在模型中任意物体上点击后，再拖出标注距离位置，根据需要键入任意需要的文字或数值，按两次Enter键或单击文本框以外区域，即可完成插入标签。插入【文本】时，按Esc键可取消操作。在插入完成之后，可以发现文字会随模型视角的转动而改变位置，以使得文字始终朝向屏幕。

　　若在插入文本时没有点击模型中任意物体，则会直接显示可以输入文字的文本框，如图3-50所示。

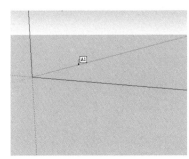
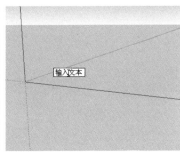

图3-50　不点击模型创建文本

3.5.4.3　默认文本标签的类型

　　名称标签：使用【文本】工具在群组或组件上标注时，会显示该组件或群组的名字。

　　尺寸位置标签：使用【文本】工具在非群组或组件的元素上标注时，则会成为不同的尺寸、位置标注。

➢　直线的端点上：标注点的坐标；

➢　直线两个端点之间的点（不含端点）：标注直线长度；

➢　非曲面面上的点：标注面积；

➢　球体面上的点：标注点的坐标；

➢　其他点：当【文本】标签插入特定的点（如圆面的中点）时，则显示【输入文本】，需要手动输入文字。

提示：在实体上的文字也可以不需要引线，操作方式为激活工具后，在实体上双击，即可创建一个没有引线，只有文本框的【文本】。

3.5.5 【坐标轴】工具 ✳

使用【坐标轴】工具，可以更改原有的坐标轴的位置方向。通过改变坐标轴，可以方便地在斜面上构建矩形物体，也可以更精确地缩放那些不在坐标轴平面中的物体。

坐标轴改变之后，虽然不会影响天空以及地面的位置关系，但在绘制模型时，仍需注意物体与地平面的关系，否则对生成阴影有重要影响。

3.5.5.1 【坐标轴】工具的激活

【坐标轴】工具有以下三种激活方式：

➤ 选择【工具】菜单栏中【坐标轴】工具命令；

➤ 点选工具栏中坐标轴工具的图标 ✳；

➤ 右键点击原坐标轴，执行【放置】命令。

3.5.5.2 使用【坐标轴】工具重新绘制坐标轴

使用【坐标轴】工具可以重新绘制坐标轴，如图 3-51 所示，其步骤如下所述。

（1）激活【坐标轴】工具，此时鼠标呈一个红、绿、蓝坐标符号，这个坐标符号可以对齐到模型的参考点上。移动坐标符号要放置到新的坐标原点的位置。可以使用参考捕捉来精确定位，点击确定。

（2）拖动光标来放置红轴，也可使用参考捕捉来准确对位，点击鼠标确定位置。

（3）拖动光标来放置绿轴，也可使用参考捕捉来准确对位，点击确定即完成坐标轴的重新绘制。其中蓝轴将自动生成垂直于红绿轴面。

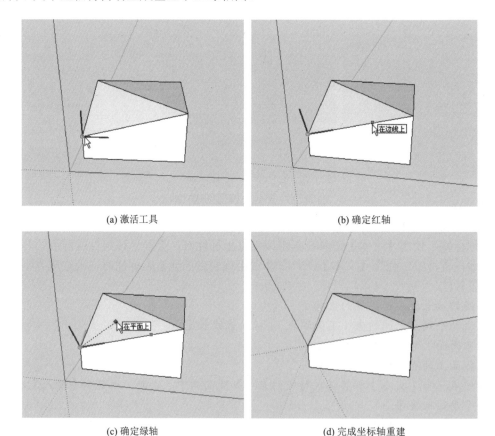

(a) 激活工具　　　　　　　　　　　　　(b) 确定红轴

(c) 确定绿轴　　　　　　　　　　　　　(d) 完成坐标轴重建

图 3-51　重新绘制坐标轴

技巧：以一个面为基础来重新绘制坐标轴时，可以直接在该面上点击右键，执行右键菜单栏中【对齐轴】操作，则坐标轴迅速对齐到该面上。

3.5.5.3 【坐标轴】工具的重置

无论在多少次重新更改坐标轴位置之后，当需要还原最初坐标轴位置时，只需在新建的坐标轴上点击右键，执行【重置】即可。

3.5.6 【3D文本】工具 🔔

【3D文字】工具是用来生成3D文字的工具，广泛应用于雕塑文字、广告、LOGO等，其中的字体种类多少，取决于电脑内自带字体种类的多少。

3.5.6.1 【3D文本】工具的激活

【3D文本】工具有以下两种激活方式：

➤ 选择【工具】菜单栏中【三维文本】工具命令；

➤ 直接点选工具栏中文本工具的图标🔔。

3.5.6.2 【3D文本】工具的使用

激活【3D文本】命令后，将出现如图3-52所示的【放置三维文本】对话框，其中可以调整字体类型，字体的对齐方式，以及字体的高度和厚度。下面分别对各项含义进行介绍。

图3-52 【放置三维文本】对话框

➤ 字体：选择3D文字字体类型。

➤ 对齐：选择多行文字的对齐方式，有左侧、中心或是右侧三种对齐方式。

➤ 高度：设置三维文本单行字的高度，它的大小决定了字的大小，可以直接输入需要的高度。

➤ 填充：勾选此选项能使得字体的线框生成面，并且，只有在勾选此选项时才能够选择【已延伸】选项。

➤ 已延伸：即推出字体的厚度，其后面的数值决定着厚度的大小，可以直接输入需要的厚度。

技巧：刻在墙上或物体上的字分阴文和阳文，需要绘制阳文时，将【填充】、【已延伸】全部勾选，并设置高度、厚度，即自动生成相应大小的阳文，如图3-53所示。若需要绘制阴文时，仅需要勾选【填充】，而不勾选【已延伸】，再将其放置在墙面或物体面上，炸开字体，并使用"P"，将文字推空即可，如图3-54所示。

(a) 输入文字并更改属性

(b) 将文字放置于墙面

图3-53 绘制"阳文"

(a) 输入文字并更改属性

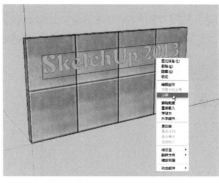

(b) 将文字放置于墙面并炸开

(c) 推拉工具挖空文字

图3-54 绘制"阴文"

3.6 剖切工具栏

在构建室内模型或大场景景观模型等需要创建模型剖面时，则需要使用到SketchUp中的【剖切】工具栏，如图3-55所示。其中包括【截面】、【显示截面】和【显示截面切割】三个工具。

图3-55 【剖切】窗口菜单栏

3.6.1 【截面】工具⬦

【截面】工具可以捕捉任意面为基准，为模型创建一个截面。剖切后，如图3-56所示，当前剖切面会呈现为橙黄色截面图标。若其中有多个剖切面，则除当前激活的剖切面与当前选中呈蓝色的剖切面以外，其他都呈现灰色状态。

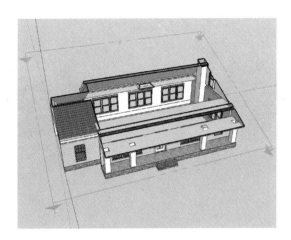

图3-56　斜面剖切建筑

提示：剖切不会真的删除或改变几何体，这只是在视图中使几何体的一部分不显示出来而已。编辑几何体也不会受剖切面的影响。同时可以给剖切面赋材质，这能控制剖面线的颜色，或者将剖面线创建为组。

3.6.1.1 【截面】工具的激活

要激活【截面】工具增加剖切面，可以执行【工具】菜单中【截面】命令，或者点击【剖切】工具栏中的【截面】图标⬦。

3.6.1.2 【截面】工具的使用

（1）增加剖切面　要增加剖切面，首先需要激活【截面】工具，则光标处出现一个新的绿色剖切面。将绿色剖面移动到几何体上，剖切面会自动捕捉到每个表面上。这时，可以按住"Shift"键来锁定剖面的平面定位。之后可以将其放置在合适的位置，并点击鼠标左键剖切几何体，使用步骤如图3-57所示。

 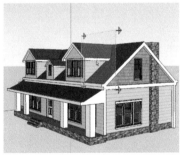 

(a) 激活工具命令　　　　　(b) 锁定捕捉的绿蓝轴平面并移动至　　　(c) 点击完成剖切
　　　　　　　　　　　　　　　　剖切点

图3-57　增加剖切面

（2）重新放置剖切面　剖切模型的截面与其他的SketchUp实体一样，可以使用移动工具和旋转工具来操作和重新放置。

（3）翻转剖切方向　在剖切面上点击鼠标右键，在右键菜单栏中选择【反转】，可以翻转剖切的方向，如图3-58所示。

（4）改变当前激活的剖面　在已有剖切面的模型中，放置一个新的剖切面后，该剖切面会自动激活。在视图中可以放置多个剖切面，但一次只能激活一个剖切面，同时会自动取消激活其他剖切面。

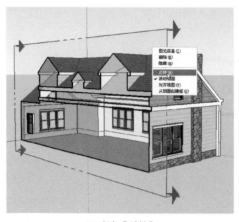
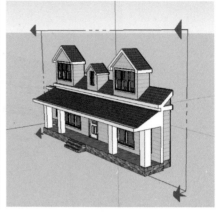

(a) 点击【反转】　　　　　　　　　(b) 剖切的另外一半

图3-58　翻转剖切面

有两种激活剖切面的方法：用选择工具在剖切面上鼠标双击；或者在剖切面上点击鼠标右键，在右键菜单栏中选择【活动剖切】命令。

（5）对齐视图　在剖切面的右键菜单栏中选择【对齐视图】命令，可以将模型视图对齐到剖切面的正交视图上。再结合等角轴测/透视模式，可以快速生成剖立面或一点剖透视。

3.6.1.3　群组和组件中的剖面

虽然一次只能激活一个剖切面。但是群组和组件相当于"模型中的模型"，在它们内部还可以有各自的激活剖切面，如图3-59所示。而且对于同一组件来说只要在打开组件的状态下进行了剖切，则所有该组件都将被剖切。

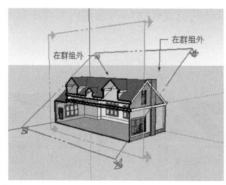
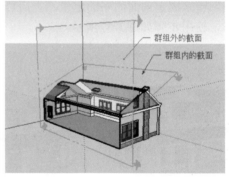

图3-59　群组、组件中剖面也同时激活

3.6.1.4　创建剖面切片的组

在剖切面上右击鼠标，执行右键菜单中【从剖面创建组】命令，即可从剖切面位置创建与模型表面相交的位置产生新的边线组成的群组。这个组可以移动，也可以马上炸开，使边线和模型合并。通过这个技术能快速创建复杂模型的剖切面的线框图。

3.6.1.5　导出剖面

SketchUp的剖面能以二维图像、二维矢量剖面切片的方式导出。

若使用二维图像模式导出模式，只要模型视图中有激活的剖切面，任何光栅图像导出都会显示已激活截面的剖切效果。

若使用二维矢量剖面切片模式，即导出适用于CAD文件的"dwg"、"dxf"格式，则导出文件中的剖切面能够进行准确的缩放和测量。

3.6.2 【显示截面】工具

在模型中创建了截面之后，【显示截面】工具 将自动激活，通过关闭这个图标可以关闭所有截面的图形标示，以更加清楚地观察模型内部结构，如图3-60所示。关闭截面不能够关闭剖切效果，但在导出二维剖面效果图时，则需要关闭此功能。

该工具的关闭、激活方式为：点击工具栏上【显示截面】工具图标 ，或在截面上点击右键，执行右键菜单栏中【活动剖切】命令。

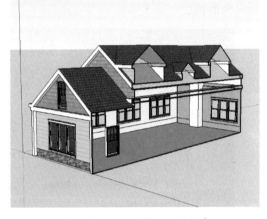

图3-60 关闭【显示截面】

3.6.3 【显示截面切割】工具

在模型中创建了截面之后，【显示截面切割】工具 也将自动激活，通过关闭该命令，可以关闭剖切效果的显示，但此工具与【显示截面】工具没有必然关系，如图3-61所示。

该工具的关闭、激活方式为：点击工具栏上【显示截面】工具图标 ，或在截面上点击右键，执行右键菜单栏中【活动剖切】命令。

3.7 阴影工具栏

【阴影】工具栏如图3-62所示，提供了常用的【显示/隐藏阴影】、太阳光出现的【时间】和【日期】以及【阴影设置】工具按钮，能够快速为模型中添加调整或关闭阴影显示。默认状态下，此处所指的阴影包括了地面阴影和表面阴影。

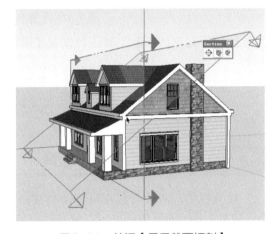

图3-61 关闭【显示截面切割】

SketchUp的阴影角度设置是准确的，虽然不能显示出实现照片级的真实渲染效果，但可以使用其他的渲染软件中处理以渲染出更为真实的效果。

图3-62 【阴影】工具栏

SketchUp的投影特性能使人更准确地把握模型的尺度，也可以用于评估分析一幢建筑的日照情况。SketchUp的阴影能自动对模型和照相机视角的改变做出回应。

3.7.1 【显示/隐藏阴影】工具

通过激活或关闭【显示/隐藏阴影】工具按钮 ，能够快速打开或关闭阴影显示效果，如图3-63所示，可以观察到显示阴影后与隐藏阴影有鲜明的对比，地面上草坪更亮而且有了物体的阴影，并且房屋内光线被屋檐遮挡的部分明显暗了下去。房子底部无光照的地方则显示为黑色。

(a) 显示阴影　　　　　　　　　　　　　　(b) 隐藏阴影

图3-63　【显示/隐藏阴影】工具的使用

　　【显示/隐藏阴影】工具还可以在【阴影设置】面板中点击该工具图标 以激活或关闭阴影显示。

提示：当模型比较大内容比较多时，开启阴影需要的运算时间会较长，建议在导出图像时，先选好角度，再启动【显示/隐藏阴影】工具，并且不再改变视角，则能尽快导出需要的图像。

3.7.2 【时间】、【日期】工具

　　工具栏中，两条带色彩可滑动的其白色滑块的控制带为调节太阳光出现的【时间】和【日期】工具，暖色控制带可以调节控制月份与光照的关系，蓝色的控制点可以调节一天内任意时间与光照的关系。如图3-64所示，在不同时间日期的光线角度不同，使得影子拖拉的方向和长度都有所不同。

图3-64　不同【时间】、【日期】对阴影的影响

　　【时间】和【日期】工具也可以在【阴影设置】面板中做更为精确的调整。

3.7.3 【阴影设置】

【阴影设置】是调节阴影各项参数设置的基本工具。点击【阴影设置】工具，可以打开如图3-65所示的【阴影设置】面板，其中包含有【阴影】工具栏中其他所有工具命令，还包括阴影的明暗度、使用太阳制造阴影以及光影与实体位置的朝向关系等设置阴影属性的命令。

打开【阴影设置】面板，除直接点击【阴影】工具栏上【阴影设置】工具 还可以通过执行【窗口】菜单栏中【阴影】命令以打开该面板。

图3-65　【阴影设置】面板

3.7.3.1　面板中各工具命令

➤ 【显示/隐藏阴影】工具：可以开启或关闭阴影显示效果。

➤ 【UTC】时间：即世界协调时间，又称世界统一时间、世界标准时间。

➤ 【隐藏/显示详细情况】工具按钮：点击此图标，可以为【阴影设置】面板添加或隐藏扩展栏。

➤ 【时间】和【日期】工具：可分别调节时间与日期对太阳光照的影响，同时，其后面增加了一个数值框，可以直接输入精确的时间和日期。

➤ 【亮】、【暗】工具：可以通过移动调节滑块以调节光线的亮度和明度并反映到投影上来，还可以在工具后的数值框内输入精确的数值调整明暗度。

➤ 【使用太阳制造阴影】工具：勾选该选项而不开启【显示/隐藏阴影】，可以在不显示阴影的情况下，显示各个表面的明暗关系，如图3-66所示。

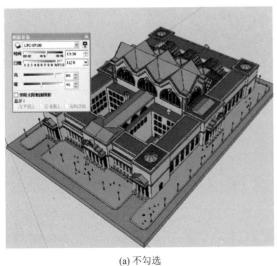

(a) 不勾选

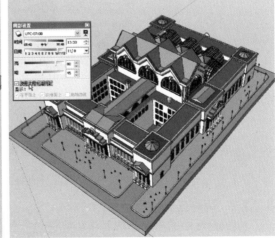

(b) 勾选

图3-66　【使用太阳制造阴影】工具

➤ 【在平面上】：在激活【显示/隐藏阴影】工具时，才能够更改此选项。勾选【在平面上】选项，即在平面上可以显示模型的阴影。取消勾选则不能显示，如图3-67所示。

➤ 【在地面上】：在激活【显示/隐藏阴影】工具时，才能够更改此选项。勾选【在地面上】选项，即在地面上可以显示模型的阴影。取消勾选则不能显示，如图3-68所示。

图3-67 【在平面上】

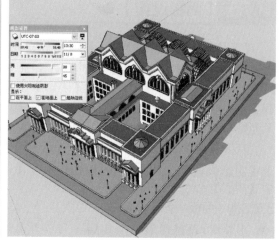

图3-68 【在地面上】

> 【起始边线】：在激活【显示/隐藏阴影】工具时，才能够更改此选项。勾选【起始边线】选项，即可以显示模型中单独的线条的阴影。取消勾选则不能显示。一般情况下不需要勾选该选项。

提示：激活【显示/隐藏阴影】工具的情况下，【在平面上】或【在地面上】两个选项必须至少选择其中一个，或同时选中，如图3-69所示。

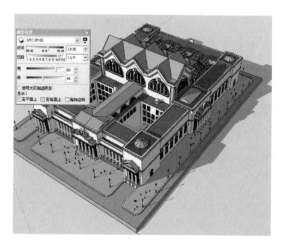

图3-69 【在地面上】、【在平面上】

3.7.3.2 阴影工具的限制

SketchUp中的阴影是实时渲染且经过软件速度优化，因此在使用阴影工具时，有些限制需要注意。

（1）透明度与阴影显示效果　在有透明度材质覆盖的几何体上，几何体不会产生"部分"阴影现象。其表面或者完全挡住阳光，或者让光线透过去，没有半透明的阴影。其中透明度大小的临界值，材质的不透明度70%以上的物体会产生投影，70%以下的不会产生投影，如图3-70所示，当喷泉喷出的水花透明度为69%时，平面或地面上没有水花的影子，当透明度为70%时，平面或地面上出现了水花的影子。

同样无论透明度为多少的透明几何物体不能接受投影，只有完全不透明的几何物体才能接受投影，如图3-70(b)所示，地面和水池边沿有水花和物体的影子，但是透明材质的水池水面上没有显示出水花的影子。

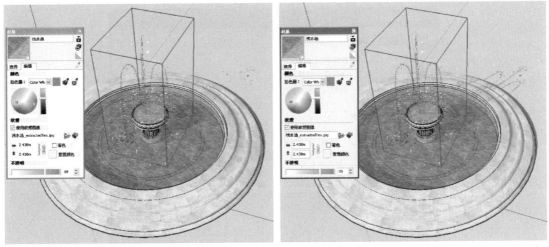

(a) 透明度为69%　　　　　　　　　　　(b) 透明度为70%

图3-70　透明度与阴影显示的关系

（2）地面阴影　地面阴影是以地平面为基准，将地面上的物体显现在物体上，若同时激活【在地面上】与【在平面上】，对于一半在地面以上，一半在地面以下的物体来说，将会出现两个影子，如图3-71所示。

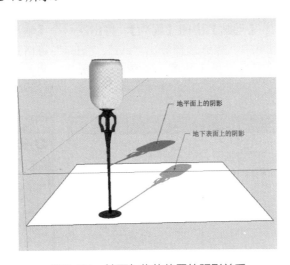

图3-71　地面与物体位置的阴影关系

（3）阴影导出限制　阴影本身不能和三维模型一起保存，但可以将模型导入到能够产生阴影的应用程序中。注意，所有的二维矢量导出都不支持渲染特性，如阴影、贴图或透明度等，能够直接导出阴影的只有基于像素的光栅图像和动画。

（4）阴影失真　当表面阴影中出现条纹和光斑，很大程度上和电脑内的OpenGL的驱动有关。

SketchUp的阴影特性对硬件系统要求较高。某些OpenGL模式不能很好地支持表面阴影，会使模型在低精确度的显示模式中阴影失真。可以在【使用偏好】的OpenGL面板（如

图3-72所示）中进行设置。一般勾选【使用硬件加速】以及【使用快速反馈】即可。

修改时请注意，如果出现不可预期的问题的话，请恢复原来的设置。

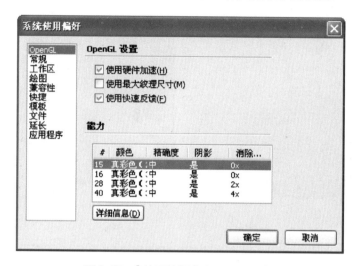

图3-72 【使用偏好】OpenGL面板

3.7.3.3 阴影工具与场景

由于场景可以保存当前模型的阴影设置，在需要经常恢复到之前的阴影设置的情况下，可以创建含有该阴影设置的场景，再激活此场景时即可恢复设置。可通过执行【视图】菜单栏中【动画】的【添加场景】命令来添加场景。

通过添加设置不同的阴影属性的场景，可以创建一个有光影变幻的动画效果，最终执行【文件】菜单栏【导出】|【动画】中的【视频】，将出现一个【输出动画】的面板如图3-73所示，在输出类型的下拉单中，能够选择导出"avi"、"mp4"等格式的动画。

提示：使用时必须勾选【阴影设置】选项，如图3-74所示，才能保存页面中阴影的属性。

图3-73 【输出动画】选项面板

图3-74 【场景管理器】面板

3.8　相机工具栏

　　SketchUp 2013中的相机工具栏，不同于SketchUp以前的版本，将漫游工具栏也涵盖在一起，其中包括了9个工具：环绕观察、平移、缩放、窗口缩放、缩放范围、上一视图以及定位镜头、正面观察和漫游，如图3-75所示。

　　在激活该工具栏除【上一视图】与【定位镜头】以外的任意工具命令时，可以点击右键，与其他工具相互切换。

图3-75　【相机】工具栏

3.8.1 【环绕观察】工具

　　【环绕观察】工具的作用是使得相机即观察视角绕着模型旋转，可以方便地旋转观察物体的外观。

　　激活工具栏上【环绕观察】工具的图标，或点击【镜头】菜单栏中【环绕观察】命令，在绘图区任意区域按住鼠标左键不放并拖曳即可旋转视图。旋转工具会自动围绕模型视图的大致中心旋转。

　　除此方法外，在使用其他工具（漫游除外）的同时，最常用的旋转视图方法为按住鼠标中键（鼠标滑轮）不放，并转动鼠标以旋转视图。

　　在使用【环绕观察】的过程中，同时按住"Shift"键不放可以转换为【平移】模式。若同时按住"Ctrl"键，则旋转时，整个模型将可以脱离"重力控制"，从而允许在竖直方向上旋转360°。

技巧：①如果鼠标中键双击绘图区某处，会将旋转中心置于该处。此技巧同样适用于【平移】工具和【缩放】工具。

　　②当建模时，需要频繁使用到多个视角的视图，可以执行【视图】菜单栏【动画】中【添加场景】命令，创建多个视角的页面，直接点击绘图区上的场景名称即可，如图3-76所示。

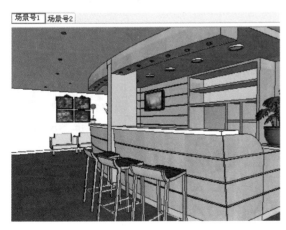
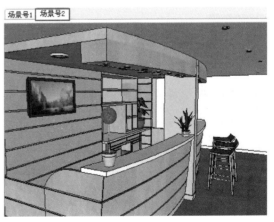

图3-76　切换场景来改变视图视角

3.8.2 【平移】工具

【平移】工具可以相对于当前视图平面水平或垂直移动整个模型。

激活工具栏上【平移】工具的图标，或点击【镜头】菜单栏中【平移】命令，在绘图区任意区域按住鼠标左键不放并拖曳即可旋转视图。

除此方法外，在使用其他工具（漫游除外）的同时，最常用的旋转视图方法为同时按住鼠标中键（鼠标滑轮）与Shift键不放，并转动鼠标以平移视图。

3.8.3 【缩放】工具

【缩放】工具可以动态地放大或缩小当前的视图，调整相机与模型的距离和焦距。

激活工具栏上【缩放】工具的图标，或点击【镜头】菜单栏中【缩放】命令，在绘图区任意区域按住鼠标左键不放，往前推（向上方移动），即放大视图，往后拉（向下方移动），即缩小视图，鼠标中心为缩放的中心。

键入【缩放】快捷键"Z"是使用该工具的最常用的方式，而使用鼠标滑轮向前后滚动时，其效果类似于【缩放】，但应注意，滚动滑轮时移动的距离无法精确控制，容易出现缩放过头的情况，因此建议需要精确移动缩放视图的细节部分（例如贴近墙面或是大模型中一根小线条等）宜采用输入快捷键"Z"移动的模式来控制视图的缩放。

激活【缩放】工具后，输入数值可以更改相机焦距（正常值一般为35mm），即不改变视图位置，但增大或缩小视角，输入的数值可以为"*deg"，也可以输入"*mm"在相应大小视角和焦距间切换。除此之外，也可以在激活【缩放】的情况下，按住"Shift"键，再往前后移动鼠标，改变相机焦距和视角。

技巧：在激活【缩放】工具后，在绘图区中某处双击，即将此处自动居中，可以省去【平移】操作。

3.8.4 【窗口缩放】工具

【窗口缩放】工具即使选择的一个矩形区域放大至全屏。

激活工具栏上【窗口缩放】工具的图标，或点击【镜头】菜单栏中【窗口缩放】命令，在绘图区任意用鼠标左键点击不放并拖曳出一个矩形框，即可将其布满整个绘图区。

3.8.5 【缩放范围】工具

【缩放范围】工具即快速将模型中所有物体居中并全部显示在绘图区内。

激活工具栏上【缩放范围】工具的图标，或点击【镜头】菜单栏中【缩放范围】命令，即可将所有物体居中缩放，以布满绘图区。

3.8.6 【上一视图】工具

【上一视图】工具能够恢复上次视图位置，相应还有一个【下一视图】命令，但没有显示在工具栏上，可以在【镜头】菜单栏中选择【下一视图】命令。

使用此命令，可以选择点击工具栏上【上一视图】工具图标，或点击【镜头】菜单栏中【上一视图】命令，即恢复上一次视图位置角度。

3.8.7 【定位镜头】工具 ♀

【定位镜头】工具可以控制相机镜头的位置和其离地平面的高度。

3.8.7.1 【定位镜头】工具的激活

该工具可以通过点击【相机】工具栏中【定位镜头】工具图标 ♀，或点击【镜头】菜单栏中的【定位镜头】来激活该命令。

3.8.7.2 【定位镜头】工具的使用

因对镜头的精确度有不同要求，【定位工具】有两种使用方法。

➢ 直接单击鼠标左键，将镜头放置在需要的位置上。此方法使用时，镜头的方向保持与当前镜头方向一致，是一个大致的人眼视角的视图。

➢ 在需要的位置，点击鼠标左键不放，拖曳出视线的方向后松开鼠标，再输入视线的高度，即可创建一个精确的视角视图。并且在完成输入后，会自动转换为【正面观察】工具，以便环绕该点观察整个模型。

提示：一般透视图的视点高度设置为0.8 ~ 1.65m。而从0.8m的视点高度类似儿童的眼睛高度，从此角度看建筑会使得建筑显得较为宏伟壮观。

3.8.8 【正面观察】工具 👁

【正面观察】工具即以相机自身为支点来旋转观察该点周边模型，相当于人在原地旋转或扭头观看周边情况。

使用此命令，可以选择点击工具栏上【正面观察】工具图标 👁，或点击【镜头】菜单栏中【正面观察】命令来激活该工具，并点击鼠标左键不放并进行拖曳即可转换观察视图的方向。同时，还可以输入相应数值来控制视点的高度。

3.8.9 【漫游】工具 👣

【漫游】工具还可以从固定的视线高度，在模型中漫步观赏。但是要注意，只有在激活【透视图】的情况下，漫游工具才有效。

3.8.9.1 【漫游】工具的激活

该工具可以通过点击【相机】工具栏中【漫游】工具图标 👣，或点击【镜头】菜单栏中的【漫游】来激活该命令。

3.8.9.2 【漫游】工具的使用

激活【漫游】工具后，鼠标将会呈显为【漫游】图标 👣 的符号，在绘图区任意一点处点击鼠标左键不放并拖移开来，可发现该点将出现十字光标符号，作为漫游方向的参考点。通过鼠标往上、下、左、右四个方向的移动，分别使模型前进、后退、左转、右转。距离参考点越远，移动的速度就越快。同时，若想改变固定的视线高度，可以直接输入高度数值。

当使用【漫游】时，按住鼠标中键不放并转动鼠标，即转换成【正面观察】工具 👁 以当前视点为中心旋转观察整个模型。

技巧：【漫游】工具可以配合"Shift"键、"Ctrl"键以及"Alt"键使用。按住"Shift"键时，可以更改视线的高度，即垂直或斜向移动视角。按住"Ctrl"键可以加速移动，相当于改漫步为跑步行进。当前方出现墙面时，不能再往前漫步，鼠标呈显为  状态，此时，按住"Alt"键可以穿越墙面。

3.9 模型库工具栏

【模型库】工具栏，如图3-77所示，是SketchUp中，直接用于下载网上现有模型或分享自己的模型、组件，以及下载各类插件的一个工具栏，能够大大减轻建造模型的工作量。

图3-77 模型库工具栏

3.9.1 【获取模型】工具

点击【获取模型】工具图标，可以打开如图3-78所示"3D 模型库"面板，在其中可以搜索到需要的模型。由于SketchUp模型库的共享平台是全世界各国，所以当需要查找模型时，输入相应的英文找到模型的数量一般远大于输入中文查找模型。当然除在SketchUp中寻找模型以外，还可以直接到网上搜索需要的模型。

当该面板显示为英文时，可以点击右上角的下三角箭头，在其中找到并选择【中文（简体）】即可转换为中文模式。

图3-78 【3D 模型库】面板

【实例3-2】下载模型

为如图3-79所示景观屋模型下载并添加一个室内的吊灯。

（1）打开景观屋模型，再点击【获取模型】工具图标，打开【3D 模型库】面板，并在搜索框中输入"吊灯"或"lamp"，点击【搜索】，即可出现如图3-80所示页面，可以选择需要的任意模型下载。

（2）在找到了适合于模型中的灯具后，直接点击其右方的【下载模型】即可下载。或者点击图片进入预览该模型的模式之后，再点击图片下方的【下载模型】。之后会弹出如图3-81所示的对话框，选择"是"则模型下载至当前文件中；选择"否"则模型下载并另存

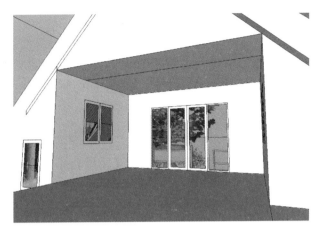

图3-79　景观屋模型

为一个单独的文件；选择"取消"则取消此次模型下载。

（3）在下载时，会出现如图3-82所示下载进度框，等待进度完成，光标处就会出现下载好的模型，并将其放置在模型中。

（4）放置后，调整灯具的位置，其效果如图3-83所示。还可以在【组件】窗口菜单栏【模型中】面板内找到此吊灯的组件，可以调出再次使用。

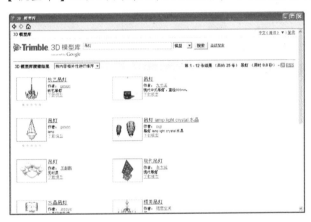

图3-80　搜索"吊灯"

图3-81　【是否载入模型】对话框

图3-82　下载进度框

图3-83　完成下载并放置好灯具

3.9.2 【分享模型】、【分享组件】工具

【分享模型】、【分享组件】工具 是用于登录Google网站之后，将自己模型、组件上传至模型库中并分享给其他用户的一个工具。

3.9.3 【拓展仓库】工具

点击【拓展仓库】工具 将打开如图3-84所示【拓展仓库】面板，其中含有五花八门的插件，也类似于一个SketchUp的插件论坛，可以为SketchUp寻找需要的插件或拓展软件。

通过这个【拓展仓库】，能够方便地在SketchUp中找到相关的插件，而不需要上网到处查找了。

图3-84 【拓展仓库】面板

3.10 Google工具栏

【Google】工具栏，如图3-85所示，是用于将模型上传至"Google Earth"软件中，能够在地图中找到类似显示中建筑的相应3D模型。其中包含有【添加位置】、【切换地形】、【照片纹理】和【在Google Earth中预览模型】四个工具。

这个工具栏提供了一个很大的分享平台，用户可以添加由自己创建的现有的建筑物的模型，甚至可以通过这个工具栏，在Google Earth中添加入自己居所的模型，供人观赏。

图3-85 【Google】工具栏

3.10.1 【添加位置】工具

使用【添加位置】工具 能够打开【添加位置】面板如图3-86所示，其中显示的是Google Earth（谷歌地图）中的地图，在地图中查找到需要建立模型的位置，并确定区域后，

可以将位置插入模型中。

【添加位置】工具添加了一个具体位置之后，若有删除该区域的需要，则应执行右键菜单栏中【解锁】命令，将此地形照片的解锁，再将其删除。

图3-86　【添加位置】面板

【实例3-3】添加颐和园主建筑群的位置场景

（1）点击【添加位置】工具图标，打开【添加位置】面板，在搜索栏输入"颐和园"，再点击搜索"Search"键，搜索到颐和园位置，如图3-87所示。

（2）使用鼠标滚轮和左键，将地图设置到需要的位置，点击选择区域"Select Region"按钮，打开选择区域，再选择蓝色标签，将选择区域调整到需要添加位置场景的区域，如图3-88所示。

图3-87　搜索场景

图3-88　设置选择区域

（3）最终完成后，如图3-89所示。可以观察到，地形的正中心将添加在坐标轴原点处，并且其周边显示为红色线框，表示地图属于锁定状态。

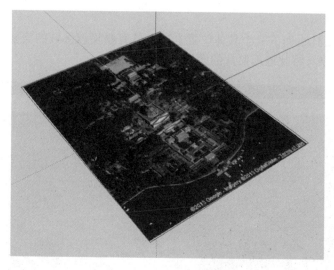

图3-89 完成位置添加

3.10.2 【切换地形】工具

在Google Earth中，整个地球模型就已经创建了大致的地形，所以在添加了具体位置的地面照片后，点击使用【切换地形】工具，可以将当前的地形照片自动生成大致地形地貌，使得创建的模型基于一个更为准确的地形地貌之上。如图3-90所示，显示的是颐和园主建筑群附近的地形。

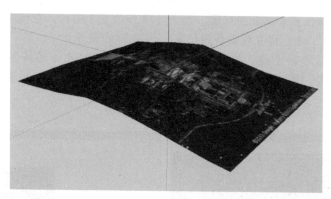

图3-90 颐和园主建筑群地形图

3.10.3 【照片纹理】工具

【照片纹理】工具是为模型中物体添加实际建筑物的照片，可以通过下载网络上相应建筑的照片，将其应用到模型中的墙面和屋顶。这些照片基本源于Google Earth中街景视图的图像。

提示：有时，在应用照片纹理前，将建筑物面上的平面细分为更小的平面能更好地将纹理对齐到模型中，对于难以用单张照片呈现的很长的朝街墙壁尤其如此。可以使用【直线】工具绘制细分平面的边线，划分纹理材质分界线。

3.10.4 【在Google Earth中预览模型】工具 🌐

在创建实景模型完成之后，可以使用【在Google Earth中预览模型】工具 🌐，从而可以观察自己模型在Google Earth中图形的效果。

将模型顺利上传后，可以打开【Google Earth】软件，用3D模型模式观看地图，在地图上找到相应位置，则自己上传的模型将会出现在其中。

3.11　高级镜头工具栏

【高级镜头】工具栏如图3-91所示，是专为使用SketchUp Pro的电影和电视从业人员设计，可供他们制作故事板、设计布景、布置场景和规划地点。可以使用【高级镜头】工具栏在SketchUp模型中放置真实的镜头，并可预览实际的镜头拍摄效果。

图3-91　【高级镜头】工具栏

其中含有【使用真实镜头参数创建镜头】📷、【查看已创建的镜头】👁、【锁定/解锁当前镜头】📷、【显示/隐藏使用所有已创建的镜头】📷、【显示/隐藏所有镜头的视锥线】◁、【显示/隐藏所有镜头的视锥体】◁、【清除纵横比栏并返回默认镜头】▦共七个工具。由于在建模时基本不需要使用该工具栏，在此不作介绍。

3.12　本章小结

本章对辅助绘图工具做了详细介绍，在建模时，需要重点注意其中【视图】、【样式】、【图层】、【剖切】、【阴影】等工具栏与绘图工具的配合使用，正确的选择相应的配合模式可以更加快速且便捷地建立修改模型。例如，在使用选择工具时，为了确保没有多选或少选物体，可以打开X射线模式，能够清楚地观察到模型中被遮挡住部分已选择的边线。

同时，在了解了如何创建及保存SketchUp文件之后，还应了解如何导入其他类型文件至SketchUp中。

在SketchUp中，除正常的打开、保存文件操作外，还可以导入通过相关文件来制作模型，其中有图片、矢量CAD图、3D模型等多种导入模式。

3.12.1 导入选项

有些文件可以包含非标准的单位，共面的表面，或者朝向不一的表面。在打开导入页面以后，再点击【选项】，打开【导入选项】面板，如图3-92所示，可以勾选【合并共面平面】以及【平面方向一致】，以纠正这些问题。

提示：当绘制CAD文件时，一般大部分物体都在同一个面上，若此时勾选【合并共面平面】选项，则将删除很多共面的物体，导致模型不全，因此，在一般情况下不宜随意勾选此选项。

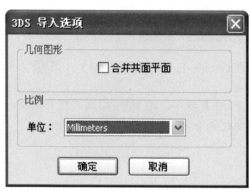 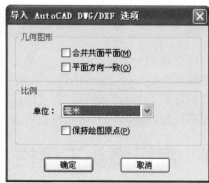

图3-92　导入不同格式的【导入选项】面板

导入单位

在SketchUp中，可以使用真实尺寸建立模型，同时也可以指定尺寸单位。

一些CAD文件格式，例如dxf格式文件，以统一单位来保存数据。因此导入时必须指定导入文件使用的单位以保证进行正确的缩放。CAD文件的单位需要从CAD文件中查看得知。当无法得知CAD文件的单位时，尽量以大的单位导入SketchUp之中。

提示：SketchUp只能识别0.001平方单位以上大小的表面，否则该表面将不能正确导出。因此若以大单位导入SketchUp文件中，尽管单位可能不对，但所有物体的表面都将很好的保存，只需要再次将整个模型缩放至正确单位即可。

合并同一平面上的面：导入dwg/dxf文件时，可以统一表面方向，即勾选【平面方向一致】达到此效果。

3.13　思考与练习

【练习3-1】怎样将模型加入模型库之中？

（1）先将已经制作好的组件存储成SketchUp Models格式的文件，并为其命名。

（2）打开"我的电脑"，找到SketchUp安装文件的位置，打开选择其中"Components"文件夹，再进入"Components Sampler"文件夹中。

（3）将已保存命名的文件移动或复制到"Components Sampler"文件夹即可。下一次打开【组件】窗口菜单栏就能从中找到自己创建的组件模型了。

【练习3-2】SketchUp自带有哪几个标准视图，如何配合【镜头】菜单栏中视角的透视方式使用？

SketchUp中有等轴视图、顶视图、前视图、右视图、左视图、后视图以及底部视图，可通过打开【镜头】菜单栏中【标准视图】子菜单栏，选择任意一个需要的标准视图。其中前六个标准视图方式还可以在【视图】工具栏中直接点击相应图标转换到相应模式，而底部视图则只能在【镜头】菜单栏中打开，或通过设置快捷键的方式打开。

在【镜头】菜单栏中有【平行投影】、【透视图】、【两点透视图】三种视角的透视方式，使用【平行投影】透视方式时，点击任意一个标准视图图标，各条线条长度与其实际长度呈相同的缩放比例，能够快速得到各个方向没有透视关系的正视图，特别是在制作工业上各类机械零件大有用处。例如使用【平行投影】透视方式时，点击顶视图，能够得到整体的平面图。使用【透视图】则为最为接近人类的视觉效果，便于观察出模型的实际效果，从而推导模型样式。而【两点透视图】常常配合等轴视图使用，可以导出透视感强烈的效果图。

第 4 章
建筑室内设计

　　室内设计是根据建筑物的使用性质、所处环境和相应标准，运用物质技术手段和建筑设计原理，创造功能合理、舒适优美、满足人们物质和精神生活需要的室内环境。室内设计分居住建筑室内设计、公共建筑室内设计、工业建筑室内设计以及农业建筑室内设计四个大类，而这四大类中以居住建筑室内设计与公共建筑室内设计为主。如图4-1所示，为住所室内设计，主要强调的是在小空间内如何创建一个适宜、温馨而又功能齐全的居住氛围，而如图4-2所示，左图为办公场所，主要强调简洁大气中展现企业形象，满足企业精神和发展理念；右图中则为一个商业场所的大厅，其中传递出富丽堂皇的商业氛围。

图4-1　居住建筑室内设计效果图

图4-2　公共建筑室内设计效果图

　　室内设计的设计方案往往是通过室内效果图表现出来的，而近年来，由于SketchUp软件操作、修改方便，能快速地表达设计师所想的效果，因此SketchUp日渐占据室内设计

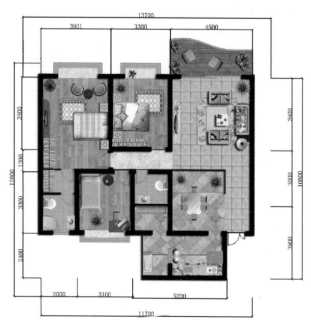

图4-3　室内设计平面图

模型表现这一块中重要一席。特别是SketchUp软件中有了各类渲染软件以及渲染插件的支持，同样也能渲染出较佳的效果。

　　SketchUp制作室内模型的一般步骤为：在绘制完室内设计平面图后，以cad文件或图片文件格式导入到SketchUp制作模型，再进行基本模型的绘制，其中室内各类模型可通过模型库下载，大大减少制图量。本章中，以居住建筑室内模型为例，导入如图4-3所示图片格式文件，建立一个室内模型。

4.1　绘制户型轴测图

　　由于SketchUp中"透视"模式下显示的模型即符合人体对物体的视觉观察效果（以各个角度观察模型），同时软件本身还自带一个"等轴视图"的视角，因此，绘制完成模型后，即可以快速表达出轴测图效果，点击【等轴视图】则能完成等轴轴测图的效果表达，接下来只需将其导出图片即可。

4.1.1　导入图片格式文件

　　（1）选择户型图，以图片格式导入模型中，如图4-4所示。

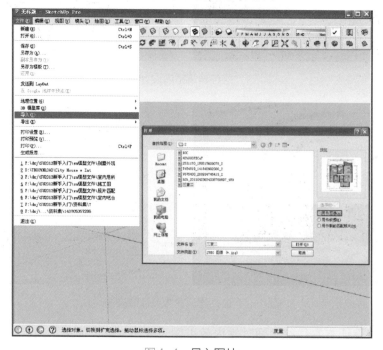

图4-4　导入图片

（2）以原点为基点，拖出图片大致大小，如图4-5所示。

（3）键入【卷尺】工具快捷键"T"，在周边尺寸上测量长度，并键入"3.1"以及"Enter"键，更改图片大小，如图4-6所示。

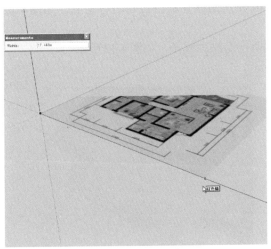

图4-5　放置图片

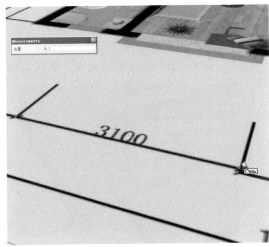

图4-6　调整图片大小

4.1.2　建立模型

（1）开启【X射线】 模式，键入"T"，再键入"Ctrl"转换为添加辅助线模式，选择红轴上的图片边线为基线，为模型添加平行于红轴的墙体的辅助线，如图4-7所示。

（2）以绿轴上的边线为基线，为模型添加平行于绿轴的墙体的辅助线，如图4-8所示。

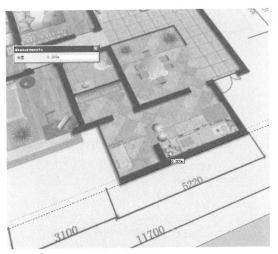

图4-7　添加平行于红轴的墙体辅助线

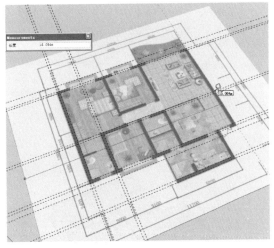

图4-8　添加平行于绿轴的墙体辅助线

（3）键入【铅笔】快捷键"L"，依据平面图上墙体线条，一一绘制墙体的轮廓线，如图4-9所示。

提示：在绘制墙体上的门框时，只需要于门所在的平面位置处，绘制一条直线即可。并且，在推起墙面高度之后，不需要推起有厚度的门，只需要依据门框线，将门绘制成一个面，以便插入已经创建好的门组件。

（4）完成所有呈直线的墙体的绘制，再绘制阳台边线，并键入【偏移复制】快捷键"F"，偏移复制出阳台样式，如图4-10所示。

（5）键入【圆弧】快捷键"A"绘制弧形阳台，如图4-11所示。

（6）选择弧形阳台边线，键入"F"，向两侧分别偏移复制出弧线阳台轮廓，如图4-12所示。

（7）选择所有辅助线，键入"Delete"键删除所有辅助线条，如图4-13所示。

（8）键入"P"推出墙体高度，如图4-14所示。

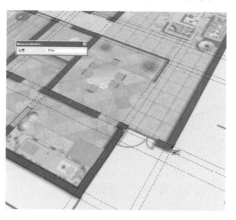

图4-9　绘制墙体的轮廓线

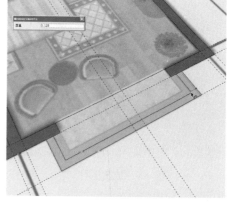

图4-10　绘制阳台边线

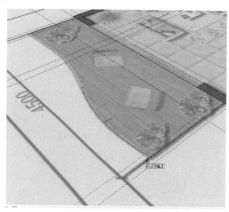

图4-11　绘制弧形阳台

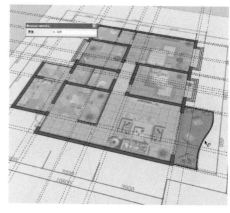

图4-12　偏移复制弧线阳台轮廓

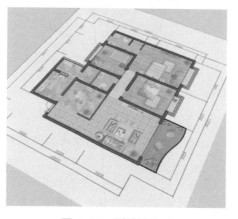

图4-13　删除辅助线

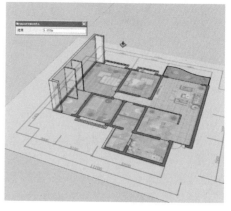

图4-14　推出墙体高度

（9）关闭【X射线】模式，删除墙面上多余线条，并补全门所在的面，如图4-15所示。

（10）键入"P"，推出屋内地面高度，如图4-16所示。

（11）键入"M"，将辅助平面移动到窗台位置，以便绘制外墙窗户，如图4-17所示。

（12）键入"L"，绘制墙上所有窗的轮廓，如图4-18所示。

（13）推出窗框位置，如图4-19所示，再选择导入的图片，执行右键菜单栏中【隐藏】命令。

（14）推出飘窗窗台高度，同时选择窗台边线键入"M"，移动复制到墙面顶上，如图4-20所示。

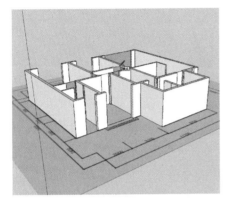

图4-15　删除多余线条并补全门所在面

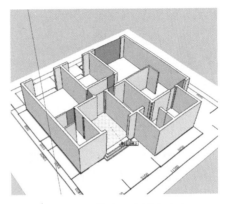

图4-16　推出屋内地面高度

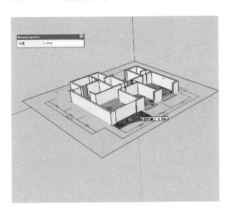

图4-17　绘制外墙窗户

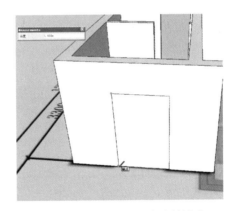

图4-18　绘制墙上所有窗体轮廓

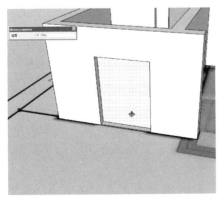

图4-19　推出窗框位置

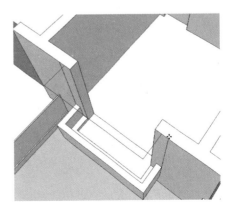

图4-20　绘制飘窗轮廓

（15）键入"L"，补全飘窗的窗面，如图4-21所示。

（16）键入"F"，偏移出飘窗顶的宽边，如图4-22所示。

（17）键入"P"，推出窗台位置高度，如图4-23所示。

（18）再将弧形阳台的栏杆推起相应高度，如图4-24所示。

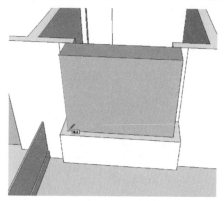

图4-21　为飘窗补面

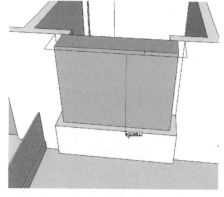

图4-22　偏移复制飘窗顶宽

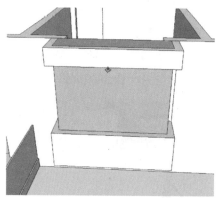

图4-23　推出飘窗顶部高度

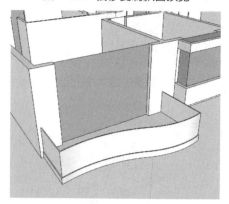

图4-24　推出弧型阳台栏杆高度

4.1.3　导出图片

（1）完成后，点击【等轴视图】图标，转换成等轴视图模式，如图4-25所示。

（2）将模型导出图片，并调整导出图像大小，如图4-26所示。

提示：导出图片时，一般预设的图形大小是根据电脑屏幕大小与其分辨率决定的，执行【导出】窗口中【选项】命令，可以通过取消勾选【使用视图大小】，并手动输入需要的更大的高度或者宽度即可，其高度和宽度是成比例的。例如图4-26中输入了导出宽度的大小为"2400"后，自动生成了其相应的高度。并且勾选【消除锯齿】，选择【JPEG压缩】调节条中【更好的质量】，能渲染出更好的质量。

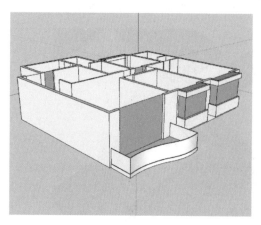

图4-25　"等轴视图"模式

（3）打开导出的照片可以观察到，所见即所得，但导出的图形更为细腻，像素更为清晰，并且其中的坐标系没有随图形一起导出，如图4-27所示。

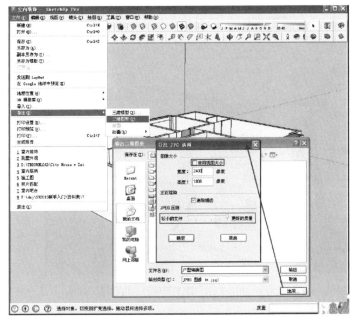

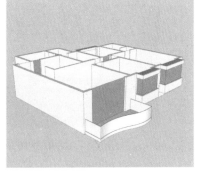

图4-26　导出图片并更改图片大小　　　　　图4-27　导出图片效果

4.2　绘制室内效果图

在绘制完成房屋基本轮廓后，即可开始绘制室内效果。绘制室内效果是一个细腻的建模过程，需要耐心的为创建模型的形式、填充材质的色彩进行推敲。在绘制室内效果时，除一些基本的模型构筑外，室内的家具都可通过【模型库】或网站上搜索来下载，这样可以大大减轻建模量。

室内效果绘制基本顺序为：绘制墙体、绘制室内屋顶装饰、导入室内家具以及编辑调整模型和材质。

4.2.1　绘制墙体

（1）首先绘制客厅电视背景墙体。执行【编辑】菜单栏【取消隐藏】中【最后】命令，取消导入图片的隐藏。找到客厅电视背景墙的位置，键入"A"，并在其中电视墙装饰线条，再键入"P"推起相应厚度，如图4-28所示。

（2）键入"B"，选择【材质】窗口菜单栏中【标志物】的颜色：▢"浅黄"、▢"浅橄榄绿"以及▢"浅黄绿色"，为电视背景墙填充色彩，如图4-29所示。

（3）再按住鼠标中键拖移鼠标，转换视角到客厅背景墙，绘制背景墙装饰线条，同时为其填充【标志物】中的颜色材质：▢"浅黄"、▢"浅橄榄绿"以及▢"浅黄绿色"，如图4-30所示。

（4）接下来绘制客厅与餐厅间墙体，通过观察可以发现模型中客厅与餐厅间的墙体将整个大厅分隔，大大降低了空间的通透感，给人以狭窄压抑的感觉，因此需取消或打通墙体，扩大空间感。使用【铅笔】、【圆弧】等工具，在入口处绘制"玄关"并且绘制餐厅与客厅间的玄关装饰，如图4-31所示。

（5）键入"P"，消减客厅与餐厅间墙体的体积，以增加开拓感，如图4-32所示。

（6）选择 "浅黄"、 "橙色"以及 "灰色半透明玻璃"为餐厅墙体填充材质，如图4-33所示。

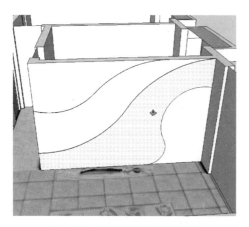

图4-28　绘制电视背景墙装饰

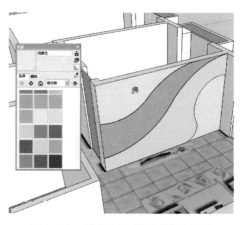

图4-29　填充电视背景墙装饰效果

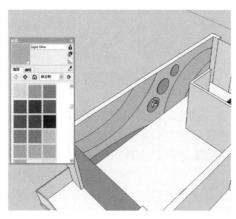

图4-30　绘制客厅背景墙装饰

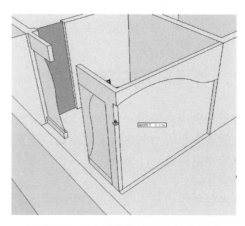

图4-31　绘制客厅与餐厅间墙体形式

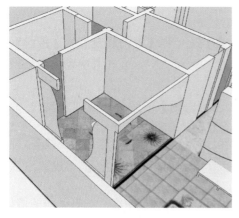

图4-32　消减墙体体积

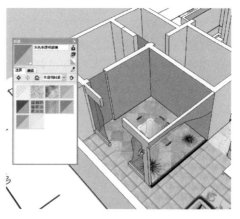

图4-33　填充餐厅墙体材质

（7）分别选择　　"浅黄"、　　"紫红色"以及　　"浅蓝色"为三个卧室填充材质，如图4-34所示。

（8）选择其他房间墙面，填充　　"冷灰色"材质，如图4-35所示。

（9）将图片再次隐藏，选择模型中的地面，键入"P"以及"Ctrl"键，复制推起0.15m，再以复制推出的模式，双击其他地面，如图4-36所示。

（10）选择多余面并键入"Delete"键，即完成为墙面添加踢脚线，如图4-37所示。

（11）选择所有翻转成反面的踢脚线下的面，执行右键菜单栏中【反转平面】命令，并整理踢脚线错乱处，如图4-38所示。

（12）选择将模型中门面上、门边上等地方的多余的线条并删除，如图4-39所示。

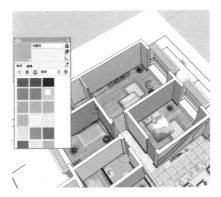

图4-34　填充卧室墙体材质

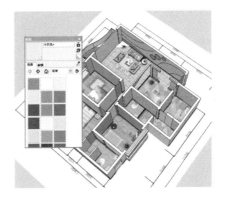

图4-35　填充其他房间墙体材质

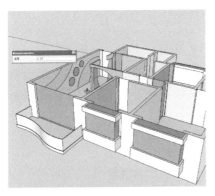

图4-36　将地面复制推起

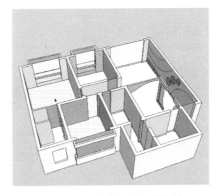

图4-37　删除面保留踢脚线

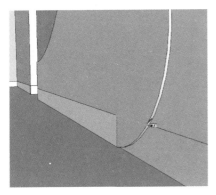

图4-38　整理错乱踢脚线

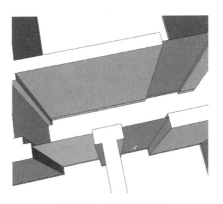

图4-39　删除多余线

（13）执行【镜头】菜单栏中【平行投影】命令，同时点击工具栏中 🔲 以及 🔲，转换成
【X射线】与【右视图】模式。再向右框选模型中踢脚线位置，选择后按住"Ctrl"＋"Shift"
键，再分两次向右框选踢脚线上下两条边线处，减选多余面与线，如图4-40所示。

（14）执行【镜头】菜单栏中【透视图】命令，并关闭【X射线】，转换成正常视图模
式，键入"P"，推出踢脚线厚度，并及时删除多余线条，如图4-41所示，至此墙面绘制基
本完成。

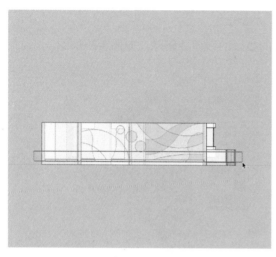

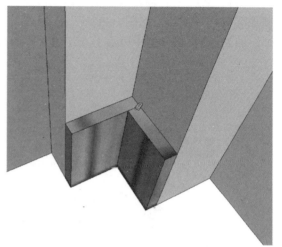

图4-40　转换视角旋转地面边线　　　　　　　图4-41　推出踢脚线并删除多余线条

4.2.2　绘制室内屋顶装饰

（1）绘制室内屋顶时，需要隐藏地面，甚至需要隐藏墙面，因此需要将墙面和地面分别
创建组件。开启【X射线】模式，选择房屋地面，并执行右键菜单栏中【创建组】命令，如
图4-42所示。

（2）选择房屋余下部分，再次创建群组，如图4-43所示。

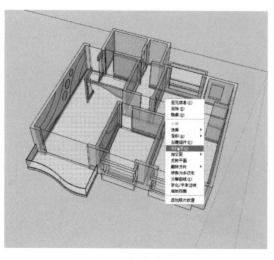

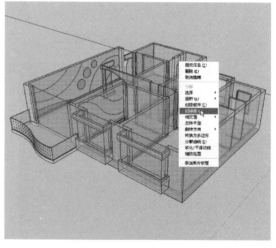

图4-42　创建地面群组　　　　　　　　　　　图4-43　创建墙体群组

（3）打开墙体群组，键入"L"，补全顶面，如图4-44所示。

（4）选择墙顶面，并键入"Ctrl"+"C"将其复制，如图4-45所示。

（5）删除墙体群组中的屋顶顶面，退出群组，再执行【编辑】菜单栏中【原位粘贴】命令，如图4-46所示。

（6）三击顶面将其全选，执行右键菜单栏中【创建组】以及【反转平面】命令，如图4-47所示。

（7）选择墙面与地面群组，执行右键菜单栏中【隐藏】命令，将其隐藏。首先，使用【铅笔】、【圆弧】等工具绘制客厅的天花装饰线，如图4-48所示。

（8）推出客厅的天花吊顶的体积，并删除、柔化多余边线，打开【X射线】模式后，如图4-49所示。

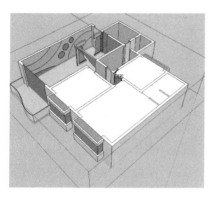

图4-44 为屋顶补面

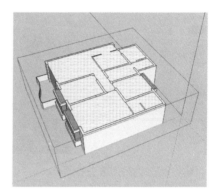

图4-45 复制顶面

图4-46 群组外【原位粘贴】

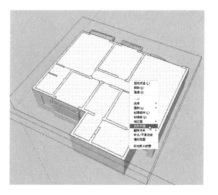

图4-47 创建屋顶群组并反转平面

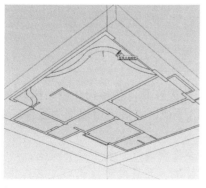

图4-48 绘制天花装饰线

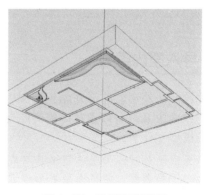

图4-49 推出天花吊顶

（9）关闭【X射线】模式，选择 ▢ "浅黄"、▢ "橙色"，为吊顶填充材质，如图4-50 所示。

（10）使用【矩形】、【偏移复制】等工具偏移复制出四个小屋的屋顶装饰，如图4-51 所示。

（11）键入 "B"，为屋顶装饰条填充 ▢ "暖灰色5" 材质，如图4-52 所示。

（12）取消隐藏模型中的墙体群组，可以观察到顶部装饰与墙体群组，如图4-53 所示。

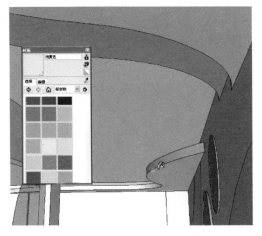

图4-50　为吊顶填充材质

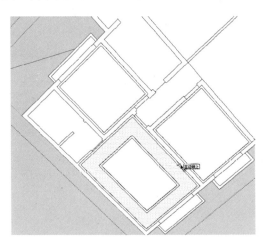

图4-51　绘制卧室天花装饰

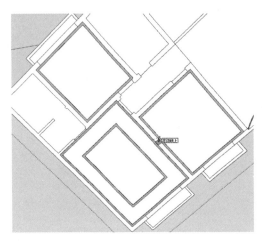

图4-52　推出天花装饰并填充材质

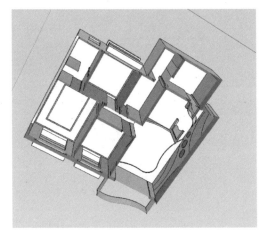

图4-53　底部观察天花与墙体

4.2.3　导入室内家具

在完成绘制天花后，即可开始为模型中添加各类家具，包括门、窗、床、桌椅、柜子、电器等多类室内家具。可以通过 "模型库"、网络下载、直接调用模型中组件等多种模式将家具导入该模型文件中。

提示：导入室内家具时，必须注意家具的大小是否符合规范，若不符合规范，则应当将家具的大小适当调整，使得模型更加接近真实效果。并且应当注意导入家具的材质是整体模型的一部分，应当与模型中其他部分相协调。

4.2.3.1　导入门、窗

（1）执行【编辑】菜单栏【取消隐藏】中【全部】，显示模型中所有物体，为方便放入家具，再将屋顶天花隐藏，如图4-54所示。

（2）选择导入的图片文件，将其移动至与地面平齐，如图4-55所示。

（3）首先为模型中添加门。点击【窗口】菜单栏中【组件】，打开组件菜单栏，放置SketchUp自带的"拱形门"到室内保留的门面上，如图4-56所示。

（4）键入"M"，参考门下方的中点，移动到相应位置，如图4-57所示。

（5）重复放置门操作，将室内的门面全部添加上门组件，如图4-58所示。

（6）打开门组件，为门填充 ▢ "暖灰色4"和 ▮ "暖灰色5"材质，并键入"Q"旋转门打开的角度，如图4-59所示。

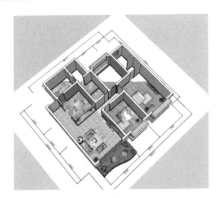

图4-54　隐藏屋顶

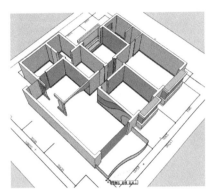

图4-55　移动导入图片

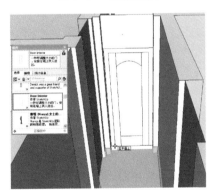

图4-56　放置门

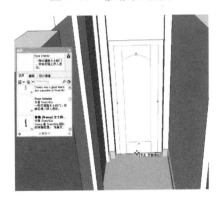

图4-57　移动门位置

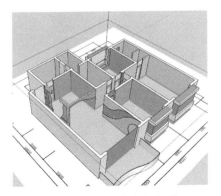

图4-58　放置全部门组件

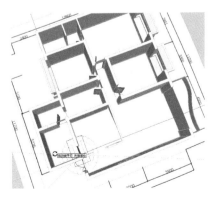

图4-59　旋转打开门

（7）旋转门之后发现，模型中的有两扇门开门的方向不符合实际情况，执行右键菜单栏中【设定为自定项】命令将这两个组件孤立，并打开组件调整门开的方向，如图4-60所示。

技巧：在模型中有多个组件的情况下，选择模型中部分的同一组件的物体后，执行右键菜单栏中【设定为自定项】命令，可以将选择的部分组件全部单独列为另一组件，不再与未选择的组件关联，但选择的组件仍然互相关联。因此，案例中同时选择两扇孤立后，编辑其中一个，另一个也随之改变。

（8）找到【实例2-11】中的木门模型文件并双击打开。选择木门，并键入"G"，将其保存组件，参数如图4-61所示。注意应勾选【切割开口】，并重设坐标轴使得剖切面在木门中竖直面上。

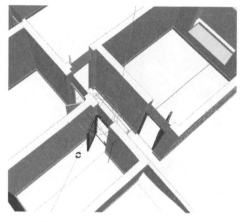

图4-60　更改朝向错误的门组件

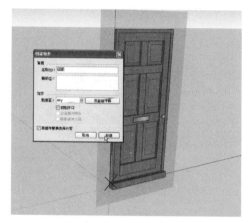

图4-61　创建门组件

（9）键入"Ctrl"＋"C"复制，再转换到室内模型中，键入"Ctrl"＋"V"粘贴到模型中任意位置，如图4-62所示。

（10）删除已导入的门，再于【组件】窗口菜单栏【模型中】面板内找到模型，并放置到模型中，如图4-63所示。

提示：SketchUp会记录模型中使用过的任意组件和材质，包括模型不再使用的组件、材质也会保留在模型中面板内，可以方便地从【模型中】面板调用以前用过的组件。但是若在完成模型后，或模型较大时，可以点击详细信息，执行【清除未使用项】来释放模型空间、减小模型大小。

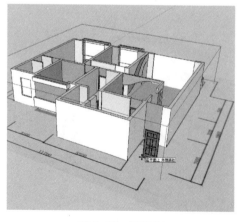

图4-62　粘贴门

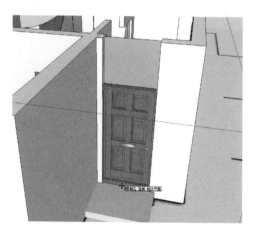

图4-63　导入木门

（11）键入"L"键，在门上方侧面绘制门顶部与墙相交的横线，再选择门旁边侧面上的面，键入"P"键，将其往一侧推出，绘制出门上方的墙体，如图4-64所示。

（12）绘制出全部门上方的墙体，并将其推出，如图4-65所示。

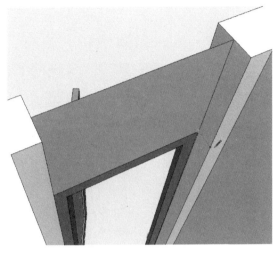

图4-64　绘制门顶部的横线

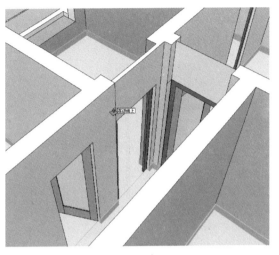

图4-65　推出墙体

（13）绘制玻璃门。在阳台处，键入"F"键，先偏移出玻璃门门框位置，并偏移出门框厚度，再键入"R"键，绘制一个玻璃门轮廓，并删除其他面，如图4-66所示。

（14）选择玻璃门轮廓，键入"G"创建组件，并使用【偏移复制】、【铅笔】、【移动】等工具绘制玻璃门内形状，同时推出一扇玻璃门门框的厚度，如图4-67所示。

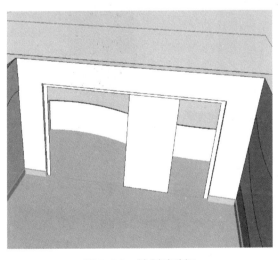

图4-66　绘制玻璃门

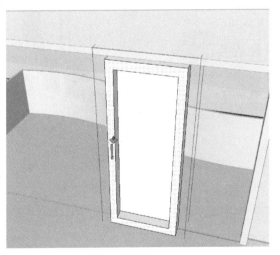

图4-67　绘制玻璃门形状

（15）绘制玻璃门扣手细节，先将门扣手推进去，再键入"C"键，绘制一个圆形按钮，并将其推起，再键入"M"移动下边线，使其成为一个坡面，如图4-68所示。

（16）选择半透明材质和金属材质为玻璃门组件上材质，再将制作好的窗户移动复制出三份，调整好位置如图4-69所示。

（17）在组件菜单栏的搜索栏中输入"window"（窗户），通过网上搜索，找到比较合适的窗户，并将其导入模型中，如图4-70所示。

（18）删除多余一侧窗户，并键入"S"键，调节导入的窗户大小，如图4-71所示。

（19）为飘窗填充"蓝色半透明玻璃"材质，并键入"R"键，在其边角处绘制支撑柱形状，同时键入"P"键，将柱子推起，如图4-72所示。

（20）绘制出飘窗的分割柱，如图4-73所示。

（21）为飘窗柱子填充■ "暗灰"材质，如图4-74所示。

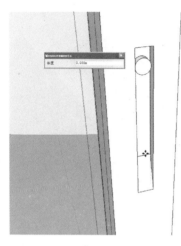

图4-68　绘制玻璃门扣手

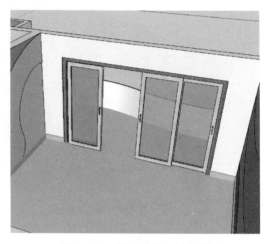

图4-69　填充玻璃门并复制

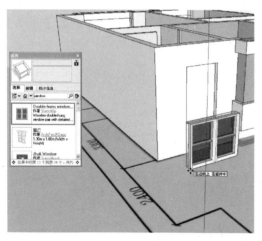

图4-70　下载窗户组件

图4-71　调节窗户大小

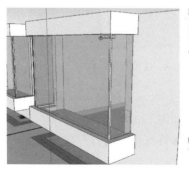

图4-72　推出柱子

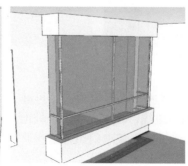

图4-73　绘制飘窗分割柱

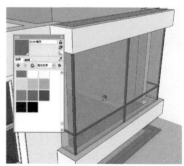

图4-74　填充柱子材质

4.2.3.2 导入家具

（1）导入家具前，为方便观察平面图上家具的位置，可以先将图片材质投影到地面上。首先通过取消全部物体隐藏调出导入的平面图，再将屋顶的群组隐藏。把平面图移动到房子上方，并执行右键菜单栏中【分解】命令将其炸开，如图4-75所示。

（2）键入"B"，按住"Alt"吸取图片的材质，再打开地面群组，为其填充材质，如图4-76所示。

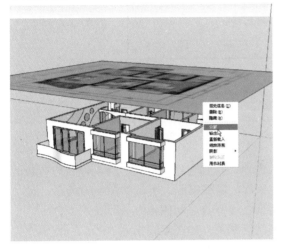

图4-75　移动平面图至模型上

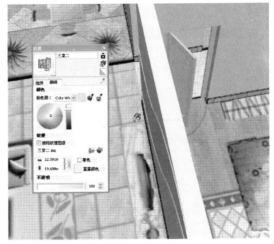

图4-76　吸取平面图材质覆盖到地面上

（3）删除导入的平面图，如图4-77所示。

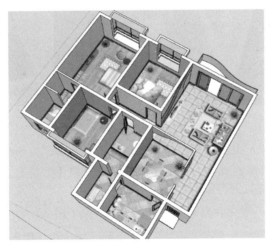

图4-77　删除导入平面

（4）执行【窗口】菜单栏中【图层】命令打开图层面板，或直接点击【图层编辑器】⚙图标，添加一个"家具"图层，并将图层转换至"家具图层"，至此完成导入前的基础准备，如图4-78所示。

提示：导入物体除上述方法外，还有通过导入"3ds"格式文件或直接打开需要导入物体的"skp"模型文件将其复制到此文件中等多种方式。导入"3ds"格式文件时，注意勾选【合并共面平面】选项，并且单位选择与3ds Max文件中的单位一致，一般常用单位为毫米，如图4-79所示。

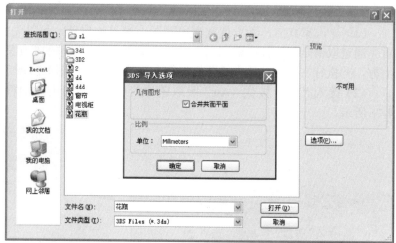

图4-78 添加家具图层　　　　　　　　图4-79 导入3ds文件选项

（5）首先，执行【文件】菜单栏中【导入】命令，找到客厅的沙发、茶几以及电视机等"skp"文件，并依次导入模型中，再布置好各类家具，调整相应大小，如图4-80所示。

（6）布置次卧一，导入床、柜子、灯具、装饰品等家具，如图4-81所示。

（7）布置主卧，导入床、柜子、灯具、装饰品等家具，如图4-82所示。

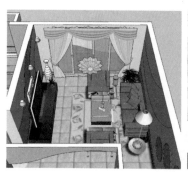

图4-80 布置客厅家具　　　　图4-81 布置次卧一　　　　图4-82 布置主卧

（8）布置次卧二，导入床、柜子、灯具、装饰品等家具，如图4-83所示。

（9）补充绘制次卧二墙面书架。使用【矩形】工具和【推拉】工具绘制墙面书架，并放置装饰物，如图4-84所示。

（10）布置餐厅，导入餐桌、灯具、时钟等家具，如图4-85所示。

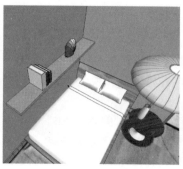

图4-83 布置次卧二　　　　图4-84 补充次卧二家具　　　　图4-85 布置餐厅

（11）布置厨房及储物室，导入储物室的家具摆放好位置后，开始绘制储物柜，键入"R"键依据洗碗池大小绘制矩形，如图4-86所示。

（12）键入"S"键，以边线中心为缩放控制中心，调整至储物柜台面大小，如图4-87所示。

（13）键入"R"键，在洗碗池处再绘制一个矩形，并选择中心的面删除。键入"P"键推出储物柜台面的厚度，并翻转面至正面朝外，如图4-88所示。

（14）键入"B"键，为储物柜台面填充██"炭黑"材质，然后键入"M"，移出储物柜顶面斜坡，再键入"E"键，按住"Ctrl"键柔化斜坡面，如图4-89所示。

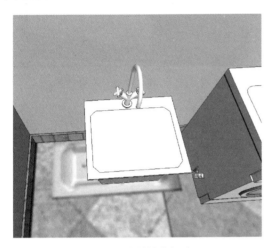

图4-86 绘制储物柜台面

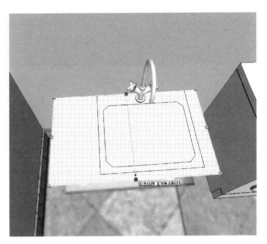

图4-87 缩放储物柜台面大小

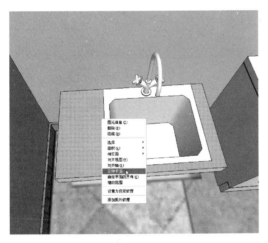

图4-88 推出储物柜台面厚度

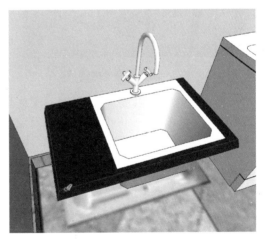

图4-89 绘制储物柜台面

（15）键入"F"，选择台面底部三条边线，往内偏移复制，再键入"B"推出偏移复制的内侧面的高度，如图4-90所示。

（16）使用【矩形】、【偏移复制】工具绘制出储物柜正面轮廓，如图4-91所示。

（17）为储物柜填充模型中木纹██"材质22"和██"炭黑"材质，完成储物柜制作，如图4-92所示。

（18）绘制厨房中的灶台，使用【矩形】工具绘制矩形灶台面轮廓，并使用【推拉】工具推出相应立体形状，再使用【移动】工具创建灶台斜坡面，如图4-93所示。

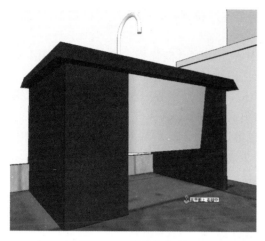

图4-90　储物柜细节

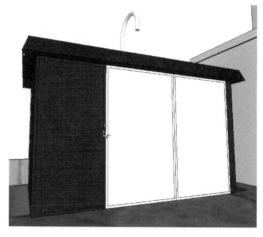

图4-91　推出储物柜台正面轮廓

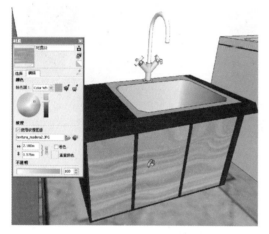

图4-92　填充储物柜材质

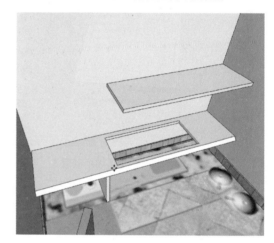

图4-93　绘制厨房灶台

（19）键入"E"以及"Ctrl"键，柔化灶台斜面边线，并为灶台填充▇"炭黑"材质，如图4-94所示。

（20）为厨房导入油烟机、燃气灶、木柜等家具电器，如图4-95所示。

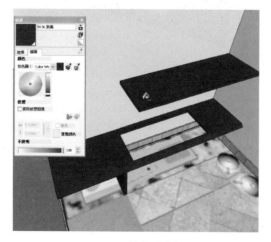

图4-94　填充灶台材质

图4-95　布置厨房

（21）布置洗浴间，导入洗脸池、毛巾架、玻璃门、马桶等家具，如图4-96所示。

（22）修改储物间与洗浴间墙体，打开墙体群组，键入"P"键，推出门洞并删除多余线条，如图4-97所示。

（23）布置主卧的洗浴间，导入洗脸池、木柜、马桶等家具如图4-98所示。

（24）在阳台上放置两个坐凳后，导入周边环境树，完成整个模型基本家具、装饰物的导入，如图4-99所示。

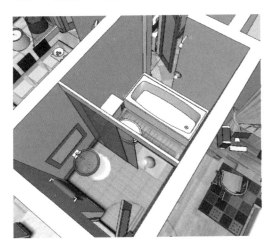

图4-96　布置洗浴间

图4-97　修改储物间与洗浴间墙体

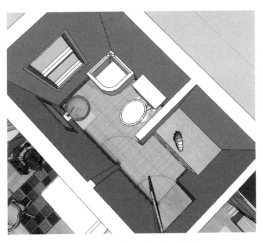

图4-98　布置主卧洗浴间

图4-99　布置阳台及周边环境

4.2.4　编辑材质贴图

建模是一个精细的过程，需要更多的细心和耐心。在导入各类家具之后，还需要对各个家具材质、形状等参数进行调整，来达到模型与导入家具的最佳契合状态。接下来，先为没有填充材质的地面铺贴合适的材质，再对模型中其他需要调整的地方进行调整修改。

4.2.4.1　铺贴地面材质

（1）为方便铺贴材质，首先应该将"家具"图层隐藏，打开【图层】窗口菜单栏，将当前图层转换至"layer0"，同时取消勾选家具的可见性，如图4-100所示。

提示：打开【图层】窗口菜单栏，可以发现，导入的模型除了原有的"layer0"和"家具"外，还多了一个图层"00"，这个图层是随导入模型而附带的图层，可以点击删除图标⊖，并在选择"家具图层"为当前图层的情况下，再在弹出的对话框中选择【将内容移至当前图层】并确定，确保导入的家具在"家具"图层。

（2）观察模型，大部分家具模型都随图层的关闭而关闭，但由于某些导入的物体本身是在"layer0"上，没有同时隐藏，因此需要选择这些家具模型，执行右键菜单栏中【图元信息】命令，并更改图层到"家具"，如图4-101所示。

图4-100　隐藏"家具"图层

图4-101　改变图元的图层

（3）完成所有家具隐藏后，则开始划分绘制地面铺装分界线。可以点击勾选【视图】菜单栏【组件编辑】中【隐藏模型的其余部分】命令，使得打开任意组件或群组时隐藏模型的其他部分，如图4-102所示。

（4）键入"L"键，一一绘制地面不同材质的分界线，如图4-103所示。

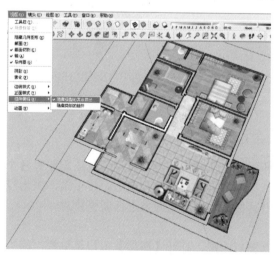

图4-102　隐藏模型的其余部分

图4-103　绘制分界线

（5）绘制出门槛石位置，如图4-104所示。

（6）键入"B"键，选择 ▨ "自然色陶瓷瓦片"材质铺贴客厅地面。调整材质颜色，再于客厅地面上点击右键，执行【纹理】中的【位置】命令，拖动别针调整瓷砖大小，如图4-105所示。

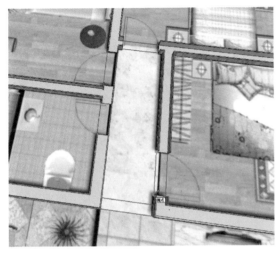

图4-104　绘制门槛石轮廓

图4-105　填充客厅地面材质

提示：调整色彩时，注意勾选【着色】选项，防止出现溢色现象。

（7）选择 ▨ "灰色纹理石"材质铺贴走道地面，并调整材质颜色，如图4-106所示。

（8）选择 ▨ "砖石建筑"材质铺贴厨房，调整材质颜色。再于餐厅地面上点击右键，执行【纹理】中的【位置】命令，拖动别针调整瓷砖大小与方向，如图4-107所示。

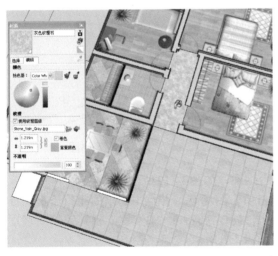

图4-106　填充走道地面材质

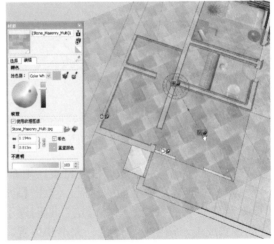

图4-107　填充厨房地面材质

（9）找到模型中 ▨ "木纹材质"填充次卧一地面，并调整模型中材质位置，使材质贴合地面，如图4-108所示。

（10）键入"B"键，并按住"Alt"键，吸取次卧一的地面材质，填充到主卧和次卧二，如图4-109所示。

图4-108　填充次卧一地面材质　　　　图4-109　填充主卧和次卧二地面材质

（11）选择 "海蓝色瓦片"材质，填充洗浴间地面，调整材质色彩和大小，如图4-110所示。

（12）选择 "大理石"材质，填充门框石头，并调整其颜色，如图4-111所示。

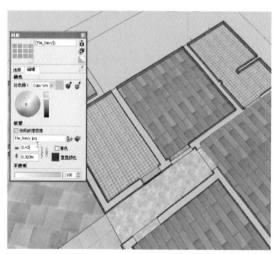
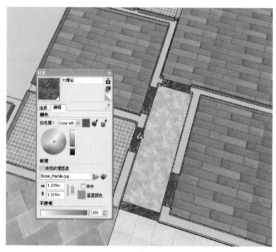

图4-110　填充洗浴间材质　　　　　　图4-111　填充门槛石材质

（13）选择 "深色木地板"材质，填充阳台地面，如图4-112所示。

（14）吸取客厅中地面的材质，点击【创建材质】图标 ，并点击弹出的【材质】面板（可以新建材质的参数）中"确定"即创建了新的材质，再键入"B"键，将其铺贴到客厅处的踢脚线上，调整材质颜色、大小和位置，如图4-113所示。

提示： 创建新材质后，更改材质参数不会影响原来的材质。因此在模型中多次用到不同参数的同种材质时，需要选择该材质并新建为另一种材质。

（15）吸取填充的踢脚线材质，铺贴客厅、餐厅、走道、厨房和洗浴间的所有踢脚线，如图4-114所示。

（16）选择 "原色樱桃木质纹"材质，填充卧室踢脚线，并调整材质大小及方向，如图4-115所示。

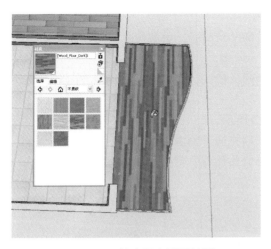

图4-112　填充阳台地面材质

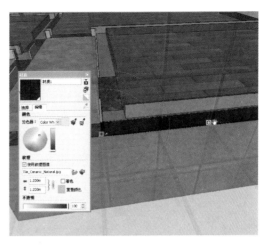

图4-113　填充客厅踢脚线材质

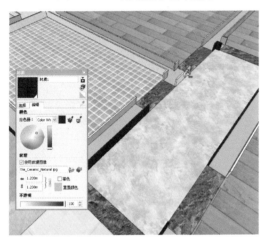

图4-114　填充客厅等房间踢脚线材质

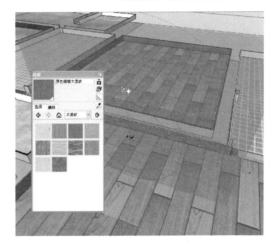

图4-115　修改卧室踢脚线材质

（17）吸取填充的材质，按住"Ctrl"键分别为卧室各个踢脚线面填充材质，如图4-116所示。

（18）至此完成，地面材质覆盖，退出地面群组后，如图4-117所示。

图4-116　填充卧室踢脚线材质

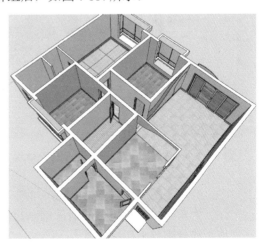

图4-117　完成地面材质铺贴

4.2.4.2 调整墙体材质

由于客厅、餐厅与卧室的墙面材质已经基本完善了，因此，主要需要修改材质的地方即厨房、储物间和洗浴间。

（1）打开墙体群组，选择厨房和储物间顶部边线，键入"M"键，沿蓝轴方向向下移动复制，作出材质分界线，如图4-118所示。

（2）删除蓝色高亮显示的多余线条，如图4-119所示。

（3）选择 ▓ "海蓝色瓦片"材质，填充厨房和储物间下侧墙面，如图4-120所示。

（4）以同样步骤，为洗浴室的下部铺贴 ▓ "海蓝色瓦片"材质，如图4-121所示。

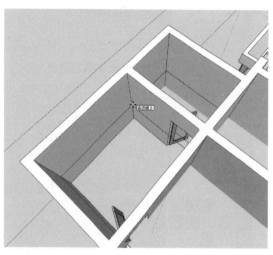

图4-118 复制墙体边线

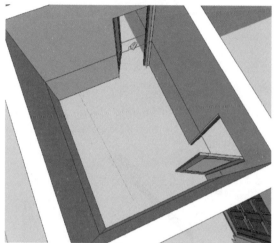

图4-119 删除多余边线

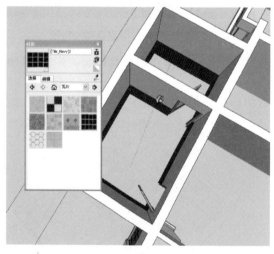

图4-120 填充厨房和储物间下侧墙面材质

图4-121 铺贴洗浴室墙面材质

（5）打开【图层】窗口菜单栏，勾选"家具"图层可见选项，如图4-122所示。

（6）为家具中的小屋房间的床铺贴材质。打开床组件可以发现，床是由多个群组组成，并且被子的分割线不在被子面上，因此，先应将床的分割线剪切并原位粘贴至模型之中，并将床垫即床单部分全部炸开，如图4-123所示。

图4-122　打开家具图层

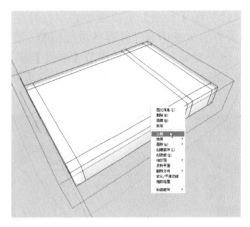

图4-123　分解群组

（7）选择材质，为被子填充材质，如图4-124所示。

（8）再以同样材质填充枕头，并选择浅蓝色材质，填充被子翻起的内侧，如图4-125所示。

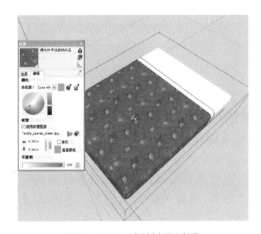

图4-124　铺贴被子材质

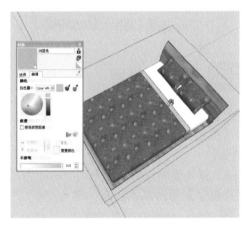

图4-125　铺贴枕头及被子

（9）修改主卧的木柜材质。吸取旁边木架的材质，如图4-126所示。

（10）修改主卧地毯材质。打开地毯群组，以【用作纹理】模式，依据地毯本身的大小，导入"地毯1"图片，如图4-127所示。

（11）执行右键菜单栏【纹理】中【位置】命令，调整图形大小，如图4-128所示。

图4-126　调整木柜材质

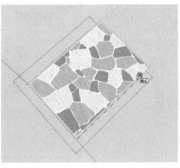

图4-127　导入地毯材质

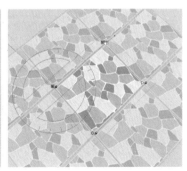

图4-128　调整地毯材质大小

（12）在【大纲】窗口菜单栏中打开屋顶群组，再次检查整个室内模型的物体和它的材质是否有出入或错误，并对齐进行调整。在打开【阴影设置】面板，勾选【使用太阳制造阴影】，但不要显示阴影。再调节【亮度】和【暗度】，创造出较为真实的室内场景效果，如图4-129、图4-130所示分别为关闭与开启【使用太阳制造阴影】的效果。

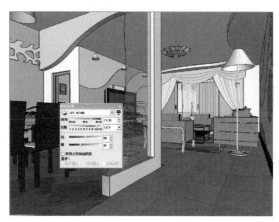 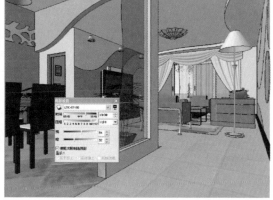

图4-129　关闭【使用太阳制造阴影】　　　　图4-130　开启【使用太阳制造阴影】

4.2.5　导出3D动画

在完成整个模型的构建后，可以通过添加页面导出3D的动画。本章将以室内模型整体的顶视图到透视图再到室内各个房间的局部效果图为动画路径，讲解如何制作并导出3D动画。

（1）首先要制作的第一张动画画面为顶视图，因此需要隐藏屋顶群组并保证其他模型物体以及图层全部为显示状态。键入"Z"并输入"55"，将视角扩大至55度，再点击【顶视图】图标，转换至顶视图模式，如图4-131所示。

（2）执行【视图】菜单栏【动画】中【添加场景】命令，如图4-132所示。

 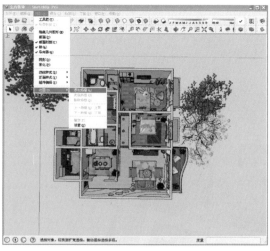

图4-131　转换至顶视图　　　　　　　　图4-132　添加场景

（3）旋转视角，调整至透视图模式，再于"场景号1"上点击右键，执行【添加】命令，添加第二个场景，如图4-133所示。

（4）再转换角度至正对室内大门入口，并添加为第三个场景，如图4-134所示。

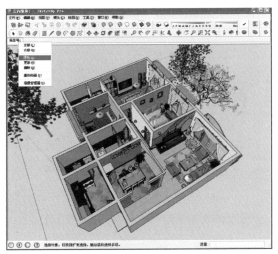

图4-133　添加透视图场景

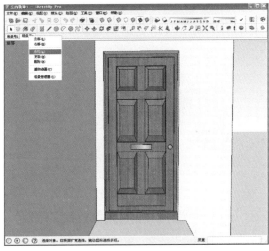

图4-134　添加大门入口场景

（5）点击【漫游】工具图标 👣，按住"Alt"键，往上移动鼠标，穿越大门，按住鼠标中键旋转至合适的观察视角，再打开【大纲】面板，将屋顶群组取消隐藏，如图4-135所示，最后再次添加为场景页面。

（6）继续使用【漫游】工具，往上移动鼠标（往前行走）再往左移动鼠标（往左转动），移动到如图4-136所示角度，再次添加场景。

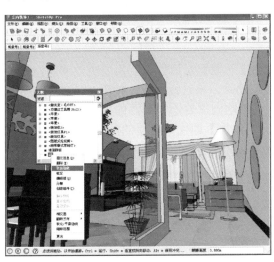

图4-135　添加入门口场景

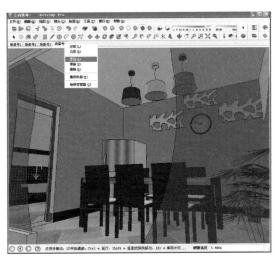

图4-136　添加餐厅场景

（7）【漫游】行走到客厅处，添加客厅透视图一的场景，如图4-137所示。

（8）再输入数值1.6将视线高度调整到1.6米处，继续漫游观察客厅，添加客厅场景，如图4-138所示。

（9）再漫游至次卧一，添加场景，如图4-139所示。

（10）使用【漫游】转换视角，依次添加次卧二、主卧一以及主卧附带洗浴间的场景。

添加完成后，即可在场景上点击右键，执行【播放动画】观看之前设置好场景的动画，如图4-140所示。

图4-137　添加客厅场景一

图4-138　添加客厅场景二

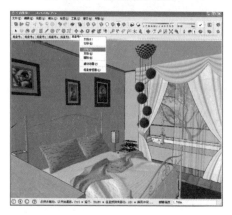

图4-139　添加次卧一场景

图4-140　执行播放动画

（11）在播放动画过程中，会在左上窗口出现【动画】对话框。若需要更改动画，为动画添加或减少场景，则需要点击【停止】终止播放动画，来进行操作。如图4-141所示。

（12）在停止播放动画后，若要添加场景，先移动到需要添加动画的视角，再于需要添加动画场景的前一个场景标签上点击右键，执行【添加】即完成场景的插入，如图4-142所示为在场景二的参数下，于场景九后添加新的场景视角。

图4-141　播放动画自动转换

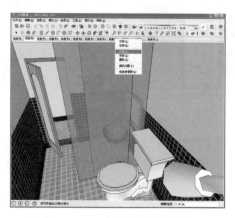

图4-142　添加次卧一场景

（13）若播放动画的速度、场景停留的时间太快或太慢，可以执行【视图】菜单栏【动画】命令中设置，将弹出【模型信息】中的【动画】面板，如图4-143所示，可以更改场景转换和场景延迟需要的时间，场景转换时间即两个场景转换时间间隔长短，场景延迟则为单个场景停留在画面中的时间。若取消勾选【启用场景转换】则播放的动画将不会有场景之间转换的路径，而是类似一张一张照片间的转换。

（14）在设置好场景参数并添加完场景后，即可执行【文件】|【导出】|【动画】|【视频】，如图4-144所示。

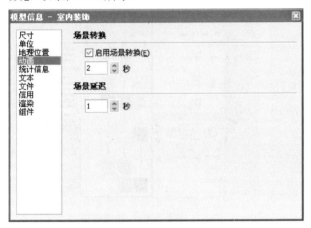

图4-143　动画设置面板

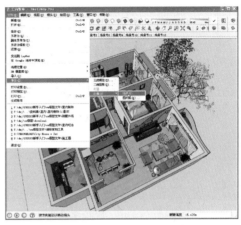

图4-144　导出动画方式

（15）在导出动画的选项中可以调节分辨率、帧速率、消除锯齿等多种参数来使得导出的动画清晰度、动画质量更高，如图4-145所示。

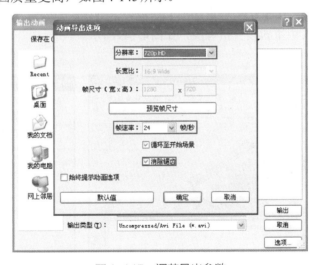

图4-145　调节导出参数

4.2.6　使用3ds Max渲染室内效果图

SketchUp模型有多种渲染方法，其中一种便是将模型导入到3ds Max中渲染，从而得到较为真实的效果图。本节将讲述使用3ds Max文件渲染出客厅和主卧的效果图。

4.2.6.1　将模型导入3ds Max中

为了更加顺畅的操作3ds Max来为模型导图，首先就应当对模型内的材质、组件以及各元素物体，进行清理，再进行导入操作。

（1）首先，选择模型中多余的植物组件、厨房以及客厅内多余的物体，键入"Delete"键，将其删除，如图4-146所示。

（2）打开【样式】、【组件】以及【材质】窗口菜单栏中的【模型中】面板，依次点击图标 ➡，执行该菜单栏中【清理未使用项】命令，完成模型清理，如图4-147所示。

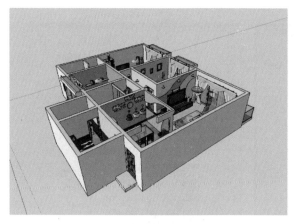

图4-146　删除多余物体　　　　　　　　　　　图4-147　清理模型

（3）执行【文件】菜单栏中【导出】命令，新建一个需要导出的文件夹，并选择导出模型的格式为"3ds"格式，如图4-148所示。

（4）点击【选项】，在【3DS 导出选项】面板中，可以取消勾选【从页面生成镜头】的选项，直接在3ds Max中重新设置摄像头，如图4-149所示。

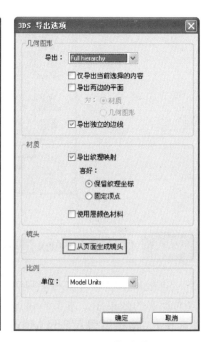

图4-148　导出3ds格式文件　　　　　　　　　　图4-149　修改选项

（5）双击打开已经导出的3ds格式文件，即完成模型导入，如图4-150所示。

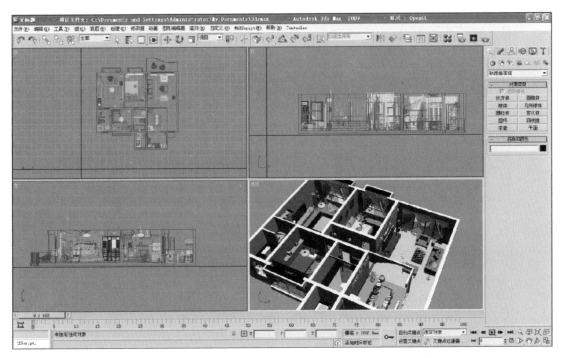

图4-150 打开3ds格式文件

4.2.6.2 调整模型参数

观察已经导入3ds Max的模型，可以发现有些材质在其中显示为黑色，表示当前材质不存在，而有些材质在该场景中不太适宜，难以渲染出需要的效果，应该对其进行更改、修正。完成材质编辑后，再找好角度打上灯光，并调整测试渲染的参数，通过测试后，调成最终渲染参数，并渲染出最终效果图。

（1）首先，更改模型中的材质，以创建客厅地面材质为例。打开材质编辑器，新建一个材质，并选择合适的材质贴图，如图4-151所示。

（2）使用Vray渲染器，调整材质编辑器中反射中贴图的颜色。即"Reflection"栏中的"Reflect"的颜色，如图4-152所示。

（3）一一调整地面材质参数，如图4-153所示。

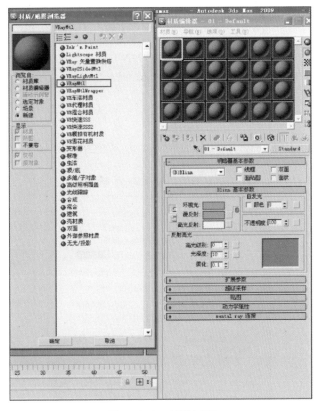

图4-151 新建材质

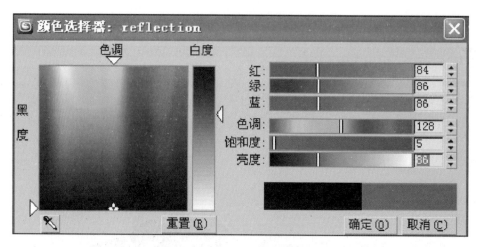

图4-152　预览材质效果

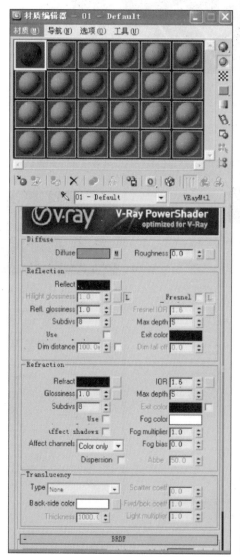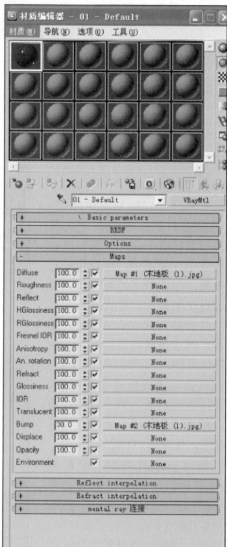

图4-153　调整地面材质

（4）最终完成材质调整后，预览地面材质的效果，如图4-154所示。

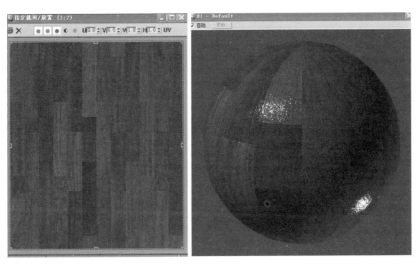

图4-154 最终地面材质效果

（5）设置完材质之后，则开始布置客厅和主卧的灯光，灯光布置方式、效果分别如图4-155、图4-156所示。

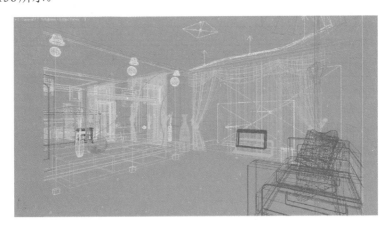

图4-155 布置客厅中的灯光

图4-156 布置主卧的灯光

（6）完成所有材质调整后，即可开始设置测试参数，并进行初次渲染，如图4-157所示。

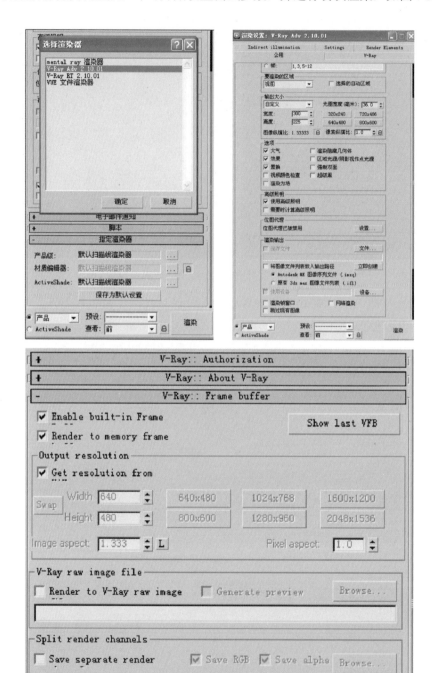

图4-157　调整测试参数

（7）测试初次渲染客厅和卧室的效果，分别如图4-158、图4-159所示。

（8）调整光子图参数，如图4-160所示。

图4-158　客厅测试渲染效果　　　　　　图4-159　主卧测试渲染效果

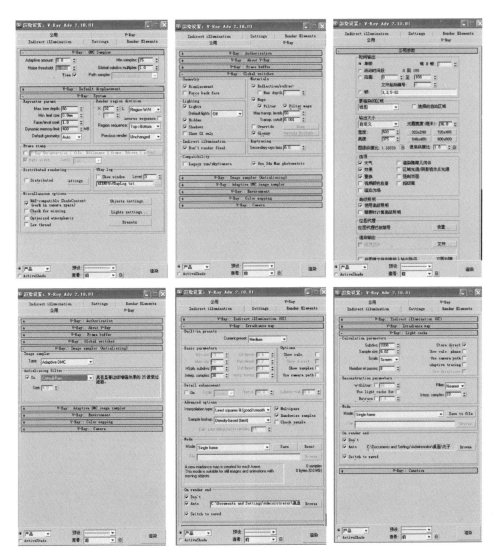

图4-160　调整光子参数

（9）调整模型样式，并设置出最终渲图的参数，如图4-161所示。

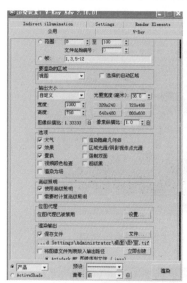

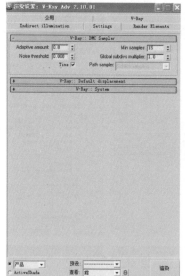
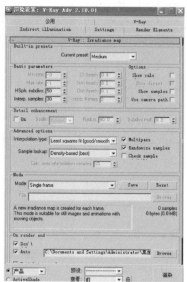

图4-161　设置最终渲染参数

（10）最终渲染出分别如图4-162、图4-163所示客厅和主卧的效果图。

图4-162　客厅最终渲染效果　　　　　图4-163　主卧最终渲染效果

4.2.6.3　渲染通道图

在效果图渲染完毕之后，为了后期的Photoshop处理方便，我们要利用到一个3ds Max的插件，出通道图。首先打开菜单栏的【MAXScrip】|【运行脚本】选择"场景助手"插件（如图1-164所示）。接着单击转所有物体为彩色（如图4-165、图4-166所示）。

接下来导入到Photoshop中修改效果图。调整图片的色阶、细节的色调，以及为图片添加细节效果，最终完成客厅效果图、卧室效果图，分别如图4-167、图4-168所示。

图4-164　辅助插件

图4-165　客厅通道图

图4-166　主卧通道图

图4-167　客厅最终效果图

图4-168　主卧最终效果图

4.3　本章小结

本章通过从一张彩色室内户型平面图到创建一个完整的室内模型的讲解，阐述了SketchUp如何建立辅助室内设计并创建模型效果图。使用SketchUp辅助室内设计时，注意制作室内模型时，墙体、地面、天花以及家具应当加以区分，并注重整体模型中各个物体材

质色彩、体量大小、类型风格的契合性。区分可以使用群组、组件或是划分图层的方式。

室内模型除本文中所述的制作包含整体模型一类以外，还可以有单独制作一个没有屋顶或没有一侧墙体等以特定角度观看房间的方式来制作模型，在制作此类型模型时，可以在模型观察的角度之后，添加一张场景对应的图片，使得观察效果更加真实。

4.4　思考与练习

【练习4-1】请想一想除本章介绍的方法外，如何使用图层划分室内空间并创建模型？

在制作室内模型时，可以通过图层来划分室内空间，一般可以划分为"天花"、"墙体"、"地面"以及"家具"图层，在制作模型时，可以依据需要及时打开或关闭各图层，便于模型的绘制。例如在制作天花上的装饰或吊顶时，即可将当前图层转换至"天花"图层，保留"墙体"图层可见性，并关闭其他图层显示，参考墙面绘制出天花的样式。

除此之外，若室内场景过大、房间过多但是可以分为几类的情况下，还可以根据房间创建图层，以满足模型需要。

【练习4-2】请思考如何制作一个特定视角的局部室内模型，如图4-169中所示？

图4-169　局部客厅效果图

首先创建出房屋的立方体，将一侧墙面删除后，创建该角度的场景，再绘制房屋的细节部分并导入家具，调节材质，其制作室内模型的步骤与本章制作方法一致。

当绘制并铺贴材质完成后，即可点击该场景标签，快速回到该角度观察模型并导出效果图。

第 **5** 章
建筑外观设计

　　建筑外观设计，作为近几年建筑学专业中一门新兴的学科，它能够一目了然地表达出建筑设计师的思想与理念，同时不同风格、形式的建筑外观能给人以不同的感官效果。随着时代的发展，人们对居住舒适度、居住文化品位、审美情趣的要求不断提高，对建筑外观造型、风格取向的理解及要求也进一步加深和提高。

　　建筑外观设计，不仅仅要依据建筑不同的类型及风格取向来满足使用功能和美观舒适的要求，同时还需要满足尊重历史、尊重环境、具有人文关怀的特点。如图5-1所示为2008年北京奥运会的主场馆中的鸟巢与水立方，它们都十分符合人性化需求，其中鸟巢的设计没有任何多余的处理，一切因其功能而产生形式，建筑形式与结构细部自然统一，而水立方设计新颖，结构独特。这两座建筑运用了中国"天圆地方"这一传统理念，并且采用了新型、环保绿色材料。如图5-2所示建筑物，形式简洁、大气，符合商业楼外观形象。如图5-3所示为世博会中国馆，是一个极具中国特色的"东方之冠"的外形设计，表现了中国文化的精髓。如图5-4所示为一栋欧式别墅，以为繁复的装饰表现打造出豪华之感。

图5-1　北京奥运场馆

图5-2　商业建筑楼

图5-3　世博会中国馆

图5-4　欧式别墅

由于SketchUp操作简便、性能强大，广泛使用在建筑外观设计中。在设计建筑外观时，使用SketchUp建模，一般不需要将室内内部结构——详细绘制清楚，仅需要将建筑轮廓推起后再对外形进行设计推敲。

本章中以别墅外观设计与住宅楼外观设计为例，对使用SketchUp制作建筑外观设计方案进行讲解。

5.1 别墅外观设计

别墅是住宅建筑中的一个重要种类，它的形式多种多样，可以说是住宅建筑物中形式最为丰富的、最具想象空间的类型。别墅一般位于郊区或风景优美的地区，有着良好的周边自然环境，同时它的功能较为齐全，因此别墅设计更应注意到如何与周边环境、使用功能合理和谐地结合在一起。

本实例中以如图5-5所示的一栋欧式风格的别墅为范本，依据已经导出"dwg"格式如图5-6～图5-9所示的各层平面图，以及"tif"图片格式的各立面图，创建一栋完整的别墅。

图5-5 别墅设计效果图

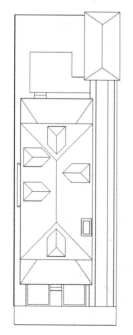

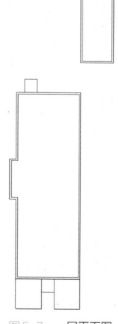

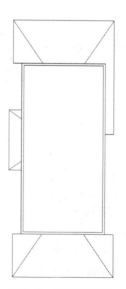

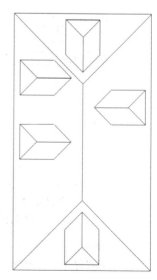

图5-6 总平面图   图5-7 一层平面图   图5-8 二层平面图   图5-9 三层屋顶平面图

5.1.1　绘制别墅的楼体

绘制别墅楼体的基本步骤是：首先需要将平面图与立面图导入模型中，再分析模型的形式与类型，并对模型主体进行绘制，然后添加各类门、窗等装饰物。

5.1.1.1　导入文件

（1）新建一个SketchUp模型文件，执行【文件】菜单栏中【导入】命令，将一层平面、二层平面、首层平面以及总平面依次导入其中，如图5-10所示。

提示：①由于CAD文件的单位是毫米，因此在【导入】窗口菜单中，应修改其【选项】面板　　中的单位为毫米。

　　　②导入各层平面后，可以发现除第一次导入的一层平面图外，其余图层全部自动生　　　成群组。

（2）键入【移动】工具快捷键"M"，参考总平面，将各层平面移动到相应的位置后，删除总平面群组。键入【铅笔】工具快捷键"L"，将导入的各层平面图补面，并选择一层平面后，执行右键菜单栏中【创建组】，将其创建成组，如图5-11所示。

（3）再以【用作图像】模式，导入图片格式的各立面，拖出一定大小后，键入【缩放】工具快捷键"S"，参考一层平面图的边线，将其缩放至较为精确的大小，并键入"M"键，将其移动到相应位置，如图5-12所示。

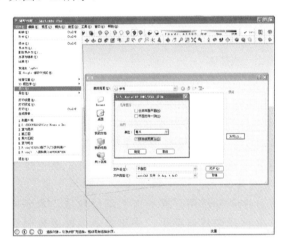

图5-10　导入各层平面图

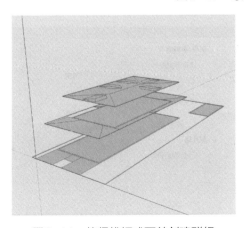

图5-11　使得线框成面并创建群组

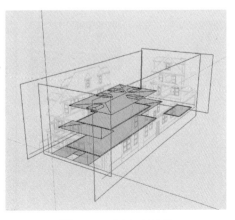

图5-12　导入立面图

5.1.1.2 绘制楼体

通过观察效果图与各平面、立面图，可以清楚地了解到，该别墅共三层，三层是几个斜坡屋顶组成，二层有屋面和屋顶，一层仅有屋面和一个小屋。

（1）选择一层平面群组，点击右键执行右键菜单栏中【分解】命令分解，将一层群组分解，再键入【推拉】快捷键"P"，参考立面图中模型墙体高度，将一层楼体推起，如图5-13所示。

（2）再参考立面中小屋高度，将一层平面内小屋的墙体推起，如图5-14所示。之后，选择一层所有物体，执行右键菜单栏中【创建组】命令。

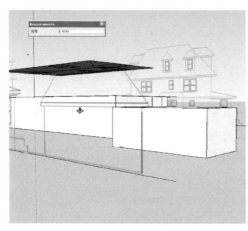

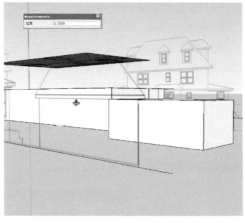

图5-13　推出一层楼体　　　　　　　　　图5-14　推出小屋高度

（3）键入"M"，将二层平面与第三层平面群组参考移动到相应的高度，并打开第二层平面群组，键入"P"推出墙体高度，如图5-15所示。

提示：SketchUp模型文件在打开一个群组或组件时，其他物体、群组或组件将会淡化显示，同时，可在如图5-16所示的【模型信息】窗口菜单【组件】面板中调节其他部分或类似组件的淡化程度。调节到最右侧的深色部分时，其他模型物体将不虚化显示。但是α通道材质是个例外，无论淡化程度多少，都不会显示出铺贴的材质样式。α通道材质即是材质图片中部分透明、部分有图案的材质。本案例中的立面图就是该类材质物体，因此若在其他群组或组件中，需要参考立面图绘制图形时，则必须先将需要编辑的物体执行右键菜单栏中【分解】命令，编辑完之后，再将这些物体重新创建组，以下步骤中若要参考立面图，则不再重复解释炸开与再次创建群组的步骤。

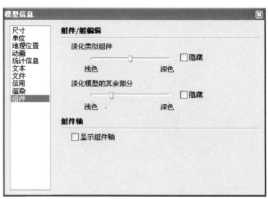

图5-15　推出二层楼体　　　　　　　图5-16　【模型信息】中【组件】面板

（4）键入【矩形】工具快捷键"R"，在第三层屋顶平面上重新绘制出模型轮廓，如图 5-17 所示。

（5）键入【铅笔】工具快捷键"L"，依据屋顶屋脊线在矩形面上绘制出屋顶轮廓线条，并将三层平面群组隐藏。再选择屋顶中心的屋脊线，键入"M"以及"↑"方向键，束缚在蓝轴上并拉伸出屋顶屋脊高度，完成屋顶轮廓绘制，并将绘制的三层屋顶创建群组，如图 5-18 所示。

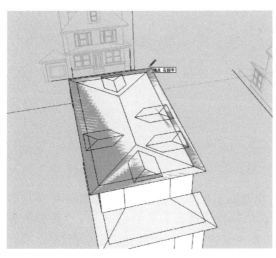

图 5-17　绘制三层屋顶面

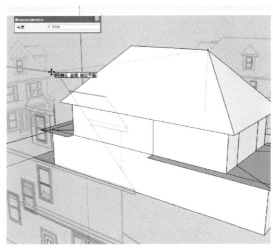

图 5-18　创建屋顶斜面

（6）键入【偏移复制】快捷键"F"，参考立面屋檐宽度，偏移复制出小屋屋檐厚度，如图 5-19 所示。

（7）键入"L"，参考小屋的屋顶高度在竖直面上绘制出小屋两侧的三角形屋顶，将两个小三角形连接起来，如图 5-20 所示。

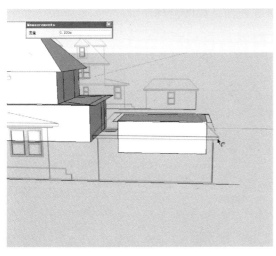

图 5-19　偏移复制出小屋屋檐宽

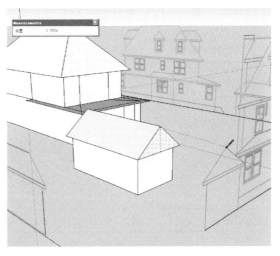

图 5-20　绘制小屋屋顶平面

（8）键入"M"，点击小屋屋顶的一角的角点（注意是在角点上，而不是在线条或面上），再键入"←"键，参考右侧立面图，使得小屋屋顶面形成相应大小的斜面，如图 5-21 所示。

（9）键入"L"绘制出一层外侧的楼梯，再键入"P"将楼梯推起相应高度，再将创建好的小屋与一层楼体组成一个群组，如图5-22所示。

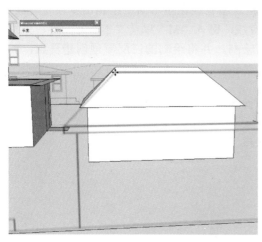

图5-21　移动拉伸出小屋的剖面

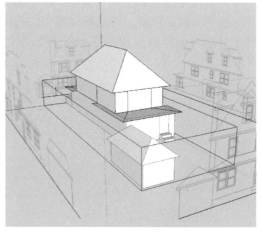

图5-22　将一层重新创建群组

（10）参考各立面图，绘制二层的屋顶面。先删除屋顶面多余线条，并推出二层屋顶的厚度，再选择平面上二层屋顶屋脊线的线条，然后执行【镜头】菜单栏中【平行投影】命令，并点击工具栏中 🏠【前视图】使得视角转换至前视图正立面模式。最后再键入"M"以及"Ctrl"和"↑"键，将其束缚在蓝轴上，移动复制到相应位置，如图5-23所示。

技巧：在以透视图模式参考立面图时，由于透视的以及图片本身没有捕捉点的关系，会使得操作参考的数值难以精确控制与参考物相合，因此在使用时，可以点击【镜头】菜单栏中【平行投影】命令，开启【平行投影】模式，使得显示的任意物体包括图片中的长度与实际长度相等，因此在绘制模型时，能够更加精确地捕捉需要的长度。

（11）执行【镜头】菜单栏中【透视图】命令，转换回正常视图模式。再旋转视图至二层屋顶处，键入"L"，连接屋顶屋脊线，以此补充屋面，如图5-24所示。

图5-23　移动复制出二层屋顶线

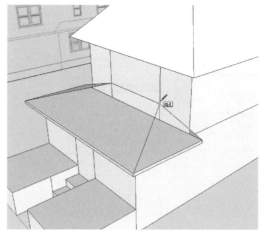

图5-24　绘制二层屋顶面

（12）完成二层所有屋顶面的绘制，再次创建群组，如图5-25所示。

（13）打开三层屋顶群组，向右框选出屋檐边线，键入"M"以及"↑"键，向上移动出屋顶厚度，如图5-26所示。

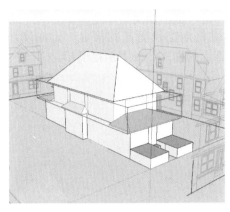

图5-25 创建二层群组

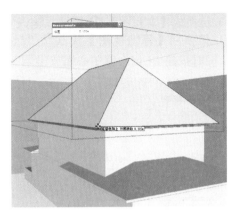

图5-26 移动复制三层屋檐厚度

（14）键入"L"，为屋檐补面，再键入"P"推出屋檐面的厚度，如图5-27所示。

（15）至此别墅楼体大致轮廓绘制完成，及时检查模型中是否有错误或疏漏，并予以更正。如图5-28所示，将未封口的面补全，并删除多余边线与面。

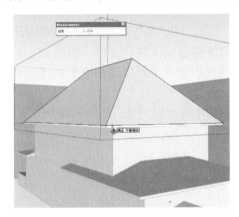

图5-27 推出屋檐厚度

图5-28 删除多余线并补全面

（16）接下来绘制别墅的烟囱。参考右侧立面图，开启【平行投影】模式并转换成【右视图】 模式，键入"L"键，在一楼楼体底面边线上绘制一条辅助直线，以找到烟囱底边起点的位置，如图5-29所示。

（17）键入"R"键，绘制出烟囱轮廓，如图5-30所示。

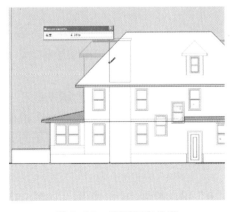

图5-29 找到烟囱位置

图5-30 绘制烟囱轮廓

（18）转换成【前视图】⌂模式，键入"P"键，推出烟囱的厚度，如图5-31所示。

（19）转换回【等轴视图】模式按"Ctrl"键将烟囱顶面复制推出一定高度，并键入"S"键，同时按住"Ctrl"键中心缩放出烟囱顶部面的样式，如图5-32所示。

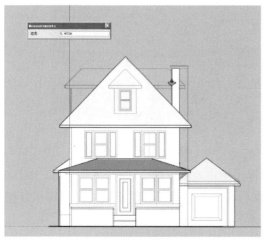

图5-31　推出烟囱厚度

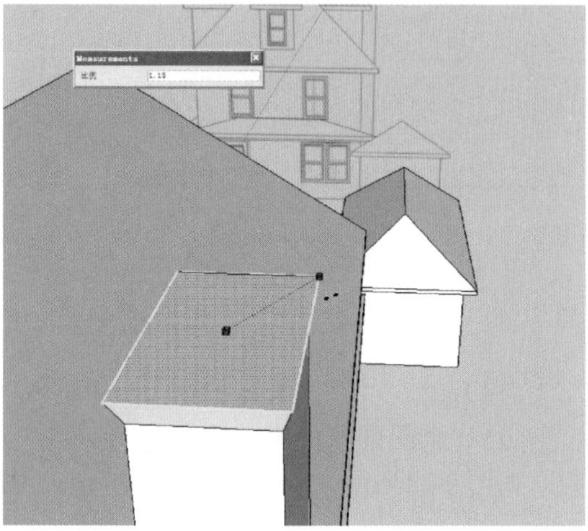

图5-32　移动复制三层屋檐厚度

（20）再键入"F"绘制出烟囱洞口宽度并向下推出烟囱洞口深度。再选择一层楼体群组、二层楼体群组、三层楼体群组以及烟囱，执行右键菜单栏中【相交】的【与选项】命令，使得模型交错，如图5-33所示。

（21）模型交错后，删除多余线条。至此，别墅轮廓绘制完成，如图5-34所示。

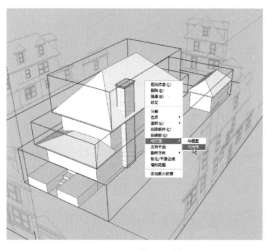

图5-33　模型交错

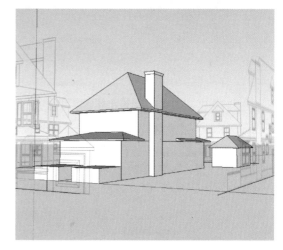

图5-34　模型轮廓绘制完成

5.1.1.3　绘制门、窗

首先应观察效果图与立面图中的门、窗的样式与颜色，并思考如何绘制模型。

通过观察可以发现，在模型中门有两种不同的形式，其中一种又多次应用在模型中；而窗子尽管有多种的样式，但都是一个"日"字形窗户为基础，只需改变一下窗子的大小，以及为窗添加一些装饰即转换成另外一种。因此可以绘制一个门、窗的模型后，创建为组件，再次调用即可。

（1）绘制入口处的门，在正立面图上，键入"R"键，绘制出门的轮廓，如图5-35所示。

（2）键入"F"键，偏移复制出门的内部轮廓，如图5-36所示。

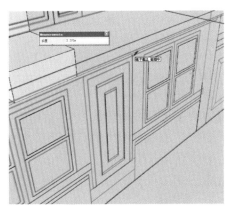

图5-35　绘制门轮廓

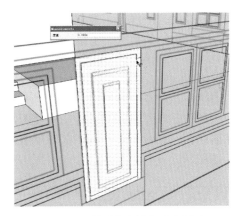

图5-36　偏移复制出门内部轮廓

（3）选择内部边线，使用移动工具，调整门内部门框线条，如图5-37所示。

（4）选择绘制好的门轮廓，将其移动到一层楼体的相应位置，如图5-38所示。

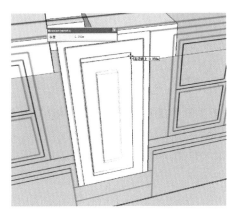

图5-37　调整内部线框位置

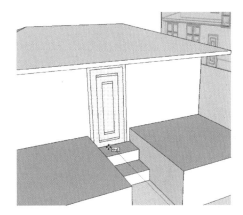

图5-38　移动门至一层楼体面上

（5）保存选区，并键入【创建组件】命令快捷键"G"，将门创建组件，参数如图5-39所示，【黏接至】任意面"Any"，并且勾选"切割开口"。

（6）推出门的厚度，并键入"S"，缩放出门内部装饰面，再在坐标轴上点击右键，执行右键菜单栏中【放置】命令，修改模型坐标轴至如图5-40所示位置。注意红轴与绿轴所在的灰色面即剖切面，应将其放置在竖直平面上。

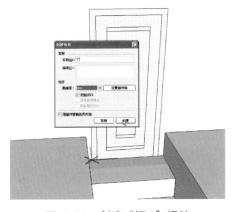

图5-39　创建"门1"组件

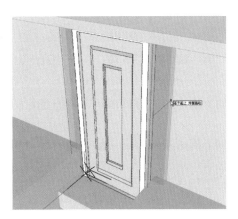

图5-40　设置组件内坐标轴

（7）完成创建组件后，退出组件，选择组件并键入"Ctrl"+"X"，再打开一层楼体群组，执行【编辑】菜单栏中【原位粘贴】命令，如图5-41所示。

（8）打开一层楼梯群组。执行【窗口】菜单栏中【组件】命令，打开【组件】窗口菜单栏，并点击🏠图标，打开【模型中】面板，在模型中面板中找到刚刚创建的"门1"组件，并点击该组件，直接放置到模型中其他两扇门的位置，如图5-42所示。

（9）推出一层群组，参考右侧立面图，键入【卷尺】工具快捷键"T"，再绘制一条垂直于底面并在门相应位置参考点的辅助线。再打开群组，将右侧面上的门移动到参考点上，如图5-43所示。

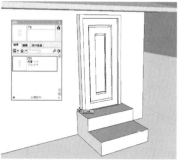
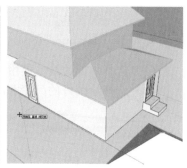

图5-41　将门剪切到一层楼梯内　　图5-42　放置模型门组件　　图5-43　对齐侧面上门位置

（10）退出一层楼体群组，删除辅助线。使用【铅笔】、【矩形】以及【偏移复制】工具在小屋处绘制门的轮廓，如图5-44所示。

（11）打开一层群组绘制门外侧轮廓矩形，如图5-45所示。

（12）键入【橡皮擦】工具快捷键"E"，擦除矩形门框的底边，留出门洞，如图5-46所示。

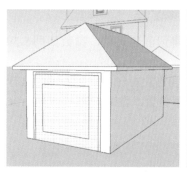
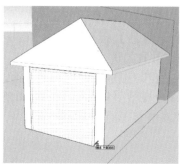
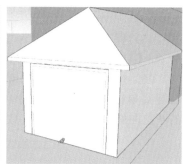

图5-44　绘制小屋门轮廓　　图5-45　在一层楼体群组中绘制门轮廓　　图5-46　删除门轮廓底边

（13）退出一层楼体群组，将门推出体积，并创建群组，完成小屋门的创建，如图5-47所示。

（14）接下来绘制三层屋顶的窗台。首先在正立面图上绘制窗台的矩形轮廓，如图5-48所示。

（15）键入"M"键以及"←"键，将矩形面束缚在绿轴上，并移动到与屋顶面相交，如图5-49所示。

（16）键入"P"键，将矩形面往屋面内推出，点击🔲图标打开【X射线】如图5-50所示。

（17）选择立方体上面外侧的三条边线，转换成【平行投影】模式，键入"F"，参考立面图窗台挑出的宽度，偏移复制出窗台屋檐的轮廓，如图5-51所示。

（18）键入"L"，将窗台屋檐面补全，并绘制出窗台屋顶的样式。转换成【右视图】视角，参考右侧立面图，束缚在蓝轴上，移动拉伸屋顶线条至相应高度，如图5-52所示。绘制完成后三击窗台，将其创建群组。

图5-47　完成创建小屋门群组

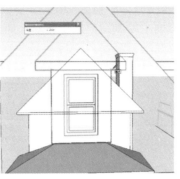

图5-48　绘制窗台面

图5-49　移动窗台面

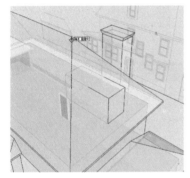

图5-50　推出窗台厚度

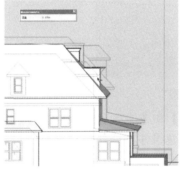

图5-51　偏移复制出屋檐轮廓

图5-52　绘制窗台屋顶

（19）点击【窗口】菜单栏【大纲】命令，找到隐藏的三层屋顶平面群组，在该群组上点击右键，执行右键菜单栏中【取消隐藏】命令，并键入"M"键，将其沿蓝轴移动至别墅上方，如图5-53所示。

（20）参考三层屋顶平面群组上窗台的位置，键入【旋转】工具快捷键"Q"以及"Ctrl"键，旋转复制出多个窗台，并将其移动到相应位置，如图5-54所示。

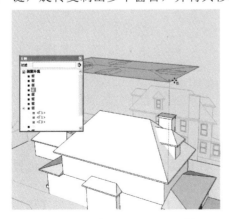

图5-53　调出三层屋顶平面群组

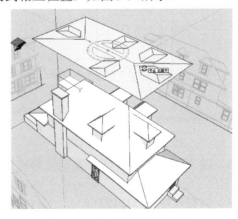

图5-54　旋转复制出各个窗台

（21）选择三层屋顶群组与所有窗台，点击工具栏中【外壳】工具图标，使其合并为一体，打开【X射线】模式可以观察到如图5-55所示模型中窗台与第三层屋顶群组合并在一起了。

提示：当使用【外壳】工具时，若显示其中的模型不属于实体时，首先应观察模型有没有破裂面或多余的线等情况，若将破裂的面或多余的线条调整修改以后仍然不能使用该工具，则只能使用模型交错命令后，手动删除模型中多余部分，并将其合并到一个群组。

（22）键入"R"键，在侧立面上绘制窗户矩形轮廓，如图5-56所示。

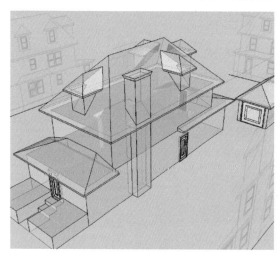

图5-55　合并窗台与屋顶　　　　　　　　　　图5-56　绘制窗户轮廓

（23）使用【铅笔】、【矩形】和【偏移复制】工具，绘制出窗的轮廓，如图5-57所示。

（24）推出窗的体积，并创建组件，设置参数同"门1"组件，【黏接至】任意面"Any"并勾选【切割开口】，同时重新设置组件轴位置，如图5-58所示。

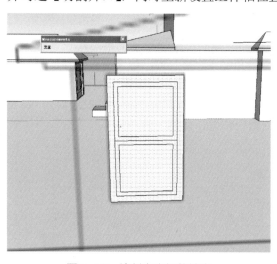
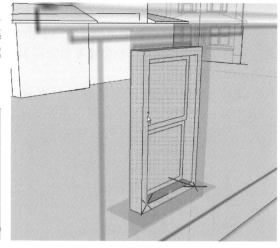

图5-57　绘制窗户细节轮廓　　　　　　　　　　图5-58　完成创建"窗1"组件

（25）键入"T"，做窗户位置定位的辅助线，并移动复制出各面窗户插入位置，如图5-59所示。

（26）分别打开一层楼体群组和二层楼体群组，选择【组件】窗口菜单栏【模型中】面板内的窗1组件，插入到相应大窗户的位置，如图5-60所示。

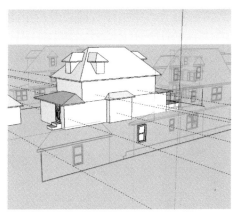

图5-59　做定位窗户的辅助线

图5-60　插入窗户

（27）完成窗体插入后，可以发现，在一层与二层交界处的窗户出现多余面或没有剖切面的情况，隐藏楼梯群组将多余处的面、线删除，如图5-61所示。

（28）绘制前面的窗户装饰面。打开二层楼体群组，使用【矩形】、【偏移复制】、【推拉】以及【缩放】等工具，绘制出如图5-62所示装饰面。

图5-61　删除多余面、线

图5-62　绘制窗户装饰面

（29）键入"M"键，移动复制出另一侧的装饰面，如图5-63所示。

（30）再次将两个装饰面移动复制到另一个窗户，之后退出二层楼体群组，如图5-64所示。

图5-63　复制出另一侧窗户装饰

图5-64　完成装饰复制

（31）打开三层屋顶群组，插入"窗1"组件到窗台面上，并执行右键菜单栏中【设定为自定项】命令孤立该组件，如图5-65所示。

（32）退出三层屋顶群组，参考立面图绘制两条小窗大小的定位线，再打开该组件，全选后，键入"S"，捕捉辅助线，将其缩放至相应大小，如图5-66所示。

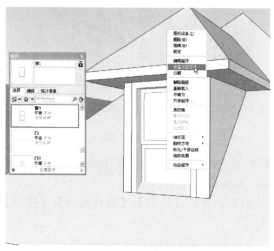
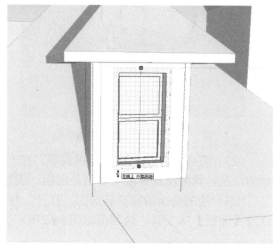

图5-65　插入"窗1"组件并将其孤立　　　　图5-66　缩放至正确的窗子大小

（33）制作各窗台为窗子定位的辅助线，打开【组件】的【模型中】面板，可以发现被孤立的窗自动被命名为"窗1#1"，将其调出并插入到三层屋顶群组中各个窗台面的相应位置，如图5-67所示。

（34）退出三层屋顶群组，将所有辅助线删除，如图5-68所示，至此门、窗插入完成。

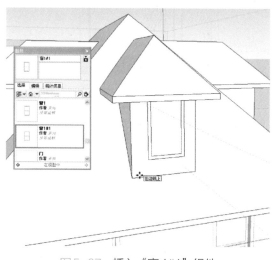

图5-67　插入"窗1#1"组件　　　　　　图5-68　删除多余辅助线

5.1.2　绘制周边环境

（1）绘制地面，键入"R"键，以小屋一角为起点绘制地面，如图5-69所示。

（2）使用【铅笔】工具，绘制地面上草坪、道路的轮廓，并选择两条边线，键入"F"

偏移复制出围墙地面，如图5-70所示。

（3）键入"P"键，推出相应的围墙高度，如图5-71所示。

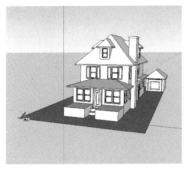

图5-69　绘制地面

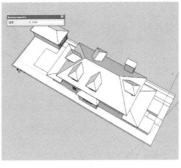

图5-70　绘制地面道路、草坪、
围栏轮廓

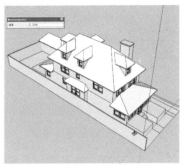

图5-71　推出围墙高度

（4）打开一层平面群组，使用【偏移复制】和【推拉】工具，绘制出花坛的形状轮廓，如图5-72所示。

（5）绘制出别墅楼体材质装饰的线、面，如图5-73所示。

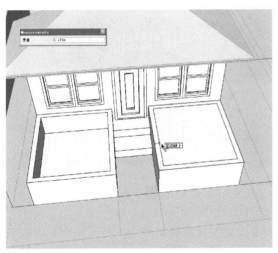

图5-72　绘制花坛

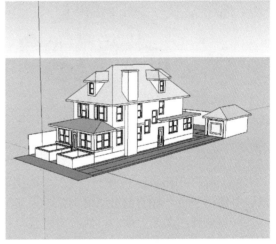

图5-73　绘制装饰线条

5.1.3　为模型填充材质

（1）键入【油漆桶】工具快捷键"B"，打开【材质】窗口菜单栏。选择"屋顶"面板中"沥青木瓦顶"材质，为别墅中的各层群组中的屋顶填充材质，如图5-74所示。

提示：在填充群组或组件中部分物体的材质时，必须打开群组填充材质，不可以在群组或组件外为其填充材质，否则将为整个群组或组件未填充材质部分填充上相应颜色。

（2）选择"围篱"面板中"仿旧效果围篱"材质，为别墅中的围墙填充材质，如图5-75所示。

（3）选择"砖和覆层"面板中"深色粗砖"材质，为别墅中的一层楼体群组中的底部填充材质，如图5-76所示。

图5-74 铺贴屋顶材质

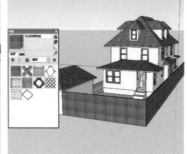
图5-75 铺贴围墙材质

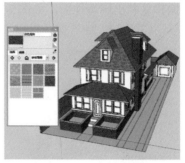
图5-76 铺贴一层底部材质

（4）选择"砖和覆层"面板中█"棕褐色覆层板壁"材质，为别墅中的二层楼体和一层小屋的墙面填充材质，并调整其色彩，如图5-77所示。

（5）选择"砖和覆层"面板中█"白色覆层板壁"材质，为别墅中的一层楼体的墙面填充材质，并调整其色彩，如图5-78所示。

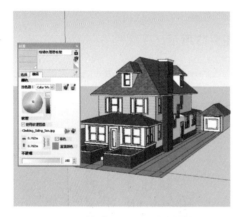
图5-77 铺贴一层、二层墙面材质

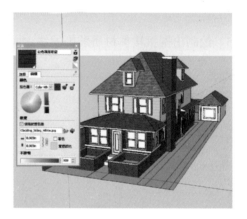
图5-78 铺贴一层楼体墙面材质

（6）打开门组件，选择"色彩"面板中█"灰褐色"材质和█"灰色半透明玻璃"材质，并将"灰色"材质的透明度调低，为其填充材质，如图5-79所示。

（7）选择右侧面上的门，执行右键菜单栏中【设定为自定项】命令，将其孤立，并将中间的"灰色半透明玻璃"材质改为█"灰褐色"材质如图5-80所示。

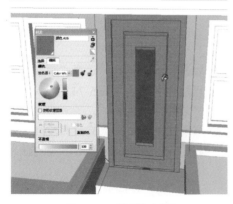
图5-79 铺贴门材质

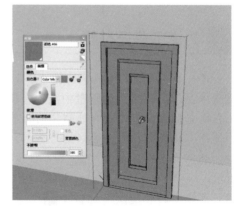
图5-80 修改侧面门上的材质

（8）打开小屋上的门群组，选择"色彩"面板中 ▦ "灰褐色"材质，并为其填充材质，如图5-81所示。

（9）打开任意一个"窗1"组件，为窗户玻璃面填充 ◪ "灰色半透明玻璃"材质，如图5-82所示。

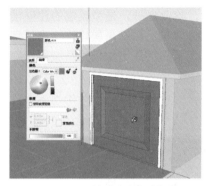

图5-81　铺贴小屋门材质

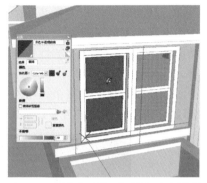

图5-82　铺贴"窗1"组件玻璃材质

（10）打开任意一个"窗1#1"组件，为窗户玻璃面填充 ◪ "灰色半透明玻璃"材质，如图5-83所示。

（11）选择 ▦ "白色灰泥覆层"与 ▦ "草皮植被1"材质，分别填充地面草坪和道路，并调整"草皮植被1"材质颜色，如图5-84所示。

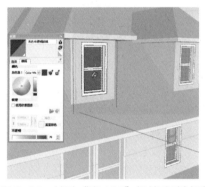

图5-83　铺贴"窗1#1"组件玻璃材质

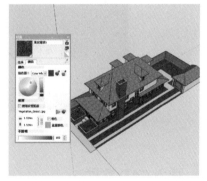

图5-84　铺贴地面材质

（12）调用树木组件，将其放置在模型中，完成别墅模型创建，如图5-85所示。

（13）执行【窗口】菜单栏中【雾化】命令，打开【雾化】窗口菜单栏，则显示为如图5-86所示雾化效果。

（14）最终完成如图5-87所示欧式别墅的效果。

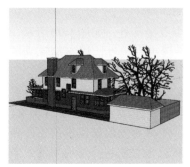

图5-85　调入树木组件

图5-86　打开雾化效果

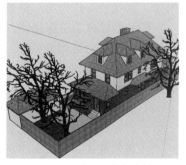

图5-87　别墅最终完成效果

5.2 住宅楼外观设计

住宅楼已经成为寸土寸金时局下居住类建筑的主流，而其中高层建筑更是各类楼盘中不可或缺的建筑类型，它能够节省城市建筑用地面积，节约空间，缩短城市公用设施和市政管网的开发周期，从而减少市政投资并加快城市建设，除此之外，造型美观的住宅楼建筑物也会成为城市内一道靓丽的风景线，乃至城市中的地标建筑。尽管高层建筑物也带有一些不可忽视的负面影响，但由于其本身特性与当今环境决定了高层住宅楼仍然是城市住宅建筑的一个必然趋势。

如今，不断发展新起的住宅楼风格种类日渐繁多，本章以欧式风格小高层为例，讲解如何依据CAD文件来绘制住宅楼外观。如图5-88所示为CAD文件原图。

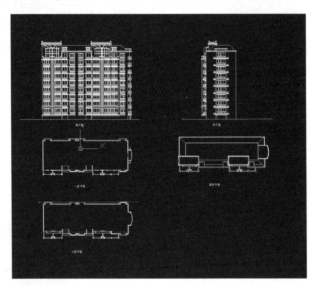

图5-88 住宅楼CAD文件

5.2.1 导入CAD文件

在导入CAD文件之前，应当对CAD文件进行整理，将其整理为所有轮廓和建筑楼体外观轮廓两份CAD文件，以便于导入SketchUp中创建模型。

（1）首先，打开CAD文件，删除多余的文字，将所有物体转换至图层0。全选物体，键入"X"键，分解模型中各个组件和线条，再键入"PU"，清理文件中多余图层，如图5-89所示。保存后，作为第一份整体轮廓的文件，以下简称为图形一。

（2）删除模型中除楼体以外的物体，并将修补墙体线条缺少或错乱处，如图5-90所示。

（3）再次全选键入"X"键分解后，键入"PU"，完成文件清理并另存，以下简称为图形二，如图5-91所示。

提示：在使用CAD优化模型时，要确保直线为宽度为"0"的线段，而不是多段线或其他种类线条，以免出现导入SketchUp之后各个线条没有连接在一起而难以成面的现象。同时，应当尽量将线型处理图层清理步骤在CAD中进行，使得导入的模型中的图形精简到最佳状态。由于该模型是用于建筑外观模型制作，则应当首先将外墙内侧的线条和基柱内填充面删除。

图5-89　清理CAD文件

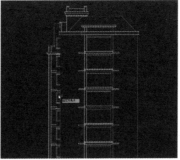

图5-90　删除多余物体

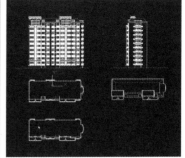

图5-91　再次整理模型

（4）打开SketchUp，并执行【文件】菜单栏中【导入】命令，分别导入两个保存好的CAD文件，修改【选项】中参数，以毫米为导入单位，勾选"保存绘图原点"，如图5-92所示。

（5）键入【橡皮擦】工具快捷键"E"，删除多余的辅助线，如图5-93所示。

图5-92　导入CAD文件

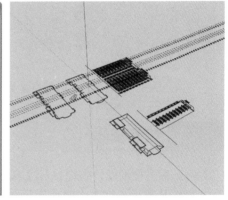

图5-93　删除辅助线

（6）分别打开模型将两次导入的图形中各个立面、平面分别创建成群组，并使用如图5-94所示。

（7）选择立面群组，键入【旋转】工具快捷键"S"，将立面旋转至垂直于水平面，如图5-95所示。

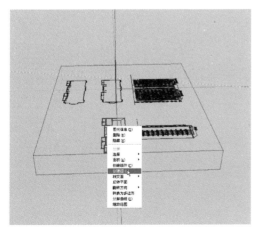

图5-94　创建各立面、平面群组

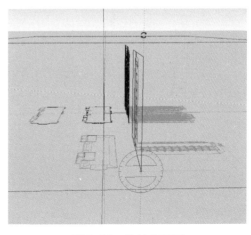

图5-95　旋转立面图

（8）使用【移动】工具和【旋转】工具，将导入图形二内各个群组拼合成一栋楼体，如图5-96所示。

（9）使用【移动】工具和【旋转】工具，将导入图形一内各个群参照图形二群组拼合成一栋楼体，如图5-97所示。

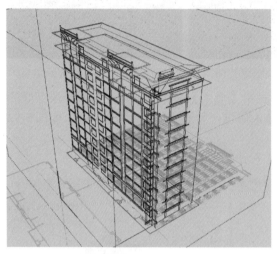

图5-96　拼合图形二群组内楼梯

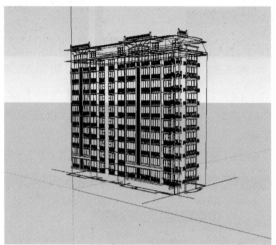

图5-97　拼合图形一群组内楼梯

5.2.2　绘制楼体

（1）为方便绘图，首先执行【视图】菜单栏【组件编辑】中【隐藏模型中其余部分】命令。再打开图形二群组中的首层平面图群组，键入【铅笔】工具快捷键"L"，为地面补面，如图5-98所示。

（2）由于上一次步骤中仅有一半成面，需要继续使用【铅笔】工具绘制多条线条围合找到不能成面的点，如图5-99所示。

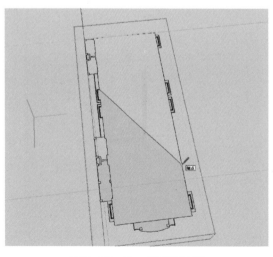

图5-98　为一层平面补面

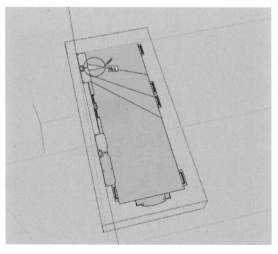

图5-99　查找不能成面线条错乱处

（3）通过围合找到不能形成面的点后，直接用【铅笔】工具修补，如图5-100所示中，两条蓝色的线条应连接在一起，并且其中黑色粗线条为多余的线条。

（4）键入"E"，删除平面中多余的线条，完成平面图绘制，如图5-101所示。

（5）再次执行【视图】菜单栏【组件编辑】中【隐藏模型中其余部分】命令取消隐藏，键入【推拉】工具快捷键"P"，参照立面图推起楼房高度，如图5-102所示。

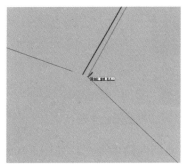
图5-100　修正错误处

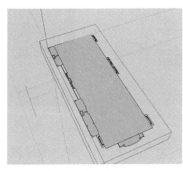
图5-101　完成补面

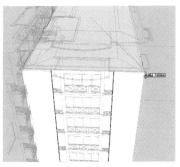
图5-102　推出楼体体积

（6）删除楼体各面上的多余线条，如图5-103所示。

（7）绘制一层楼体。删除完多余线条后可以观察到，楼体的正立面不在一个平面上，因此需要将图形二群组中正立面群组移动到楼体外。选择正立面群组，键入【移动】工具快捷键"M"以及"←"键，将其沿绿轴往前移动出来，如图5-104所示。

（8）打开正立面群组，并选择模型中在一个平面上的墙体轮廓，键入"Ctrl"+"C"复制，退出并打开楼体群组（原一层平面群组），再执行"Alt"+"E"+"A"，即【编辑】菜单栏中【原位粘贴】命令，如图5-105所示。

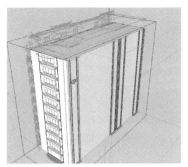
图5-103　删除多余线条

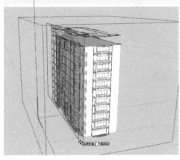
图5-104　向外移动正立面

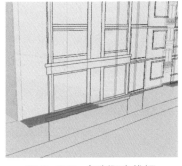
图5-105　复制阳台线框

技巧： 使用"Alt"键可以将模型从执行绘图区命令转换到执行菜单栏命令，"Alt"加各菜单栏对应字母即能快速打开主菜单栏，再键入各主菜单栏中命令的相应字母，即能快速执行该命令，如键入"Alt"+"C"+"A"即可快速将【透视图】模式转换成【平行投影】模式。熟悉基本的命令快捷方式后，配合这种快捷方式使用制图，将大大加快操作速度。

（9）将复制出来的线框参考侧立面沿绿轴往内移动，并键入"L"，将复制出来的面补全，如图5-106所示。

（10）首先全选复制出来的物体，执行右键菜单栏中【创建组】命令，创建群组，再打开该群组，键入"P"键，参照正立面推出阳台体积，如图5-107所示。

（11）完成大致阳台体积推出后，选择反面朝外的面，执行右键菜单栏中【反转平面】命令，将之翻转至正面，如图5-108所示。

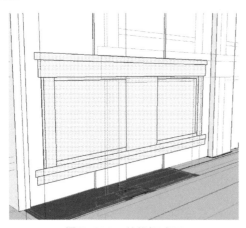

图5-106　使线框成面

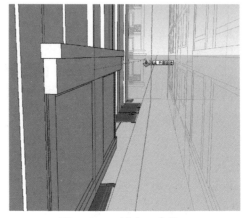

图5-107　推出阳台体积

（12）选择玻璃门面，键入"M"与"Ctrl"键，沿绿轴移动到内侧墙面上，如图5-109所示。

（13）及时删除模型中多余的面与边线，如图5-110所示。

（14）修补好模型后，全选当前群组内所有物体，执行右键菜单栏【相交面】中【与模型】命令进行模型交错，如图5-111所示。

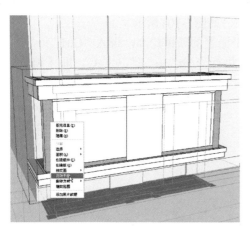

图5-108　翻转反向的面

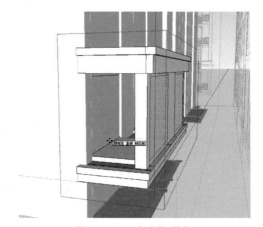

图5-109　复制门线框

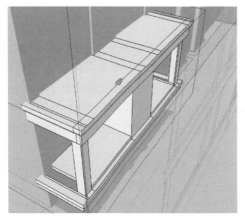

图5-110　优化模型

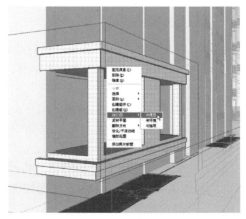

图5-111　模型交错

（15）转换视角到楼体内，删除模型中多余线、面，如图5-112所示。

（16）转换到图形二正立面群组，选择另一侧阳台，剪切复制到阳台群组内，并将其绘制成面，如图5-113所示。

（17）参考侧立面以及地面群组上相应位置的点，键入"P"推出阳台体积，并使用【移动】、【推拉】、【铅笔】等工具精确绘制出阳台的形状，如图5-114所示。

（18）在模型内执行右键菜单栏【相交面】中【与模型】命令进行模型交错，转换至从建筑内部选择多余线、面并将其删除，如图5-115所示。

（19）在阳台群组内，键入"R"键，参照侧立面群组绘制侧面的出入口轮廓，如图5-116所示。

（20）使用【推拉】工具推拉出立体轮廓，并删除多余线条，翻转反面朝外的面，如图5-117所示。

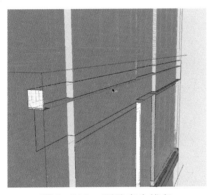

图5-112　删除多余线条

图5-113　复制另一侧阳台线框

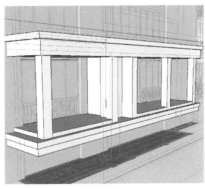

图5-114　推出阳台体积

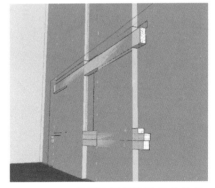

图5-115　模型交错并删除多余线条

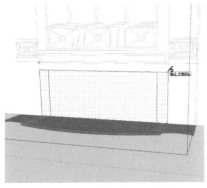

图5-116　绘制出入口轮廓

图5-117　推出出入口体积

（21）键入【圆弧】工具快捷键"A"，参考平面图，绘制出弧线并将其沿蓝轴移动复制到矩形面上，如图5-118所示。

（22）键入"P"，推出入口顶部的弧度，并删除多余线、面，如图5-119所示。

（23）再次参考平面图，绘制出入口台阶，如图5-120所示。

（24）推出入口台阶体积，并做一个参考平面，再将楼体底面高度复制推出至参考平面上，如图5-121所示。

（25）参考正立面图绘制出正面的立体窗一的轮廓，并将其创建成群组，如图5-122所示。

（26）参考侧立面图推出立体窗一体积，如图5-123所示。

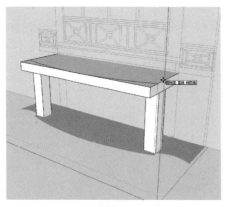

图5-118 绘制出入口弧形边线

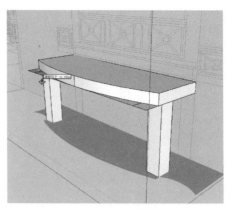

图5-119 推出弧形窗台

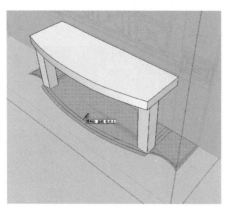

图5-120 绘制入口平台样式

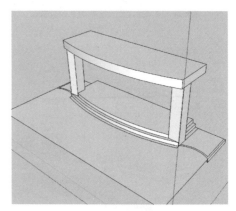

图5-121 推出入口平台样式

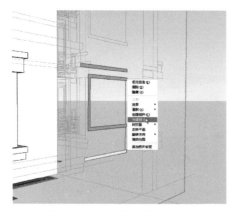

图5-122 绘制侧窗轮廓线

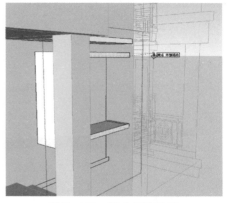

图5-123 推出侧窗体积

（27）推出立体窗的窗台与遮挡，并选择立体窗与窗台，键入"G"将其创建成组件，如图5-124所示。

（28）将侧窗窗台移动复制到一层中的相应位置，并选择反向的窗台，键入"S"，选择侧面上一对中心点控制轴后，再输入"–1"，即可完成镜像，如图5-125所示。

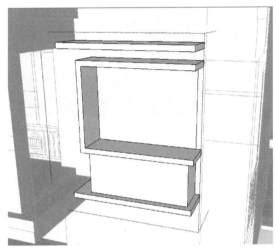

图5-124　创建侧窗窗台组件

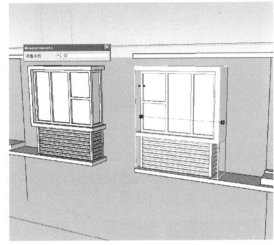

图5-125　复制并将侧窗镜像

（29）补充好侧窗上、下方的墙面装饰，并优化删除一楼窗台与楼体间的多余线、面，并键入"R"绘制一个水平地面，如图5-126所示。

（30）参考侧立面图，使用【铅笔】工具绘制侧面二楼侧面阳台轮廓，并将其创建成群组，如图5-127所示。

图5-126　完成一楼侧窗及装饰绘制

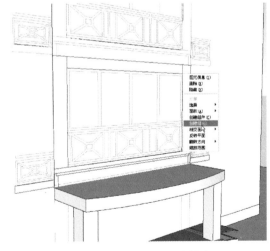

图5-127　绘制侧面阳台轮廓

（31）参考正立面图，移动二楼侧面阳台群组到柱子位置，并将其推出体积，如图5-128所示。

（32）参考一层平面图，键入"A"绘制半圆，并将其移动到阳台底面立方体上，如图5-129所示。

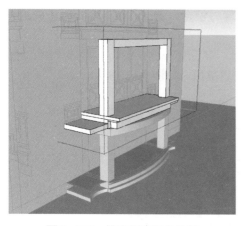

图5-128　推出侧面阳台体积

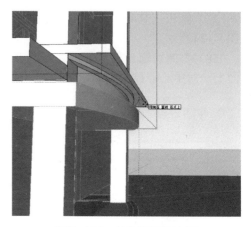

图5-129　绘制弧形阳台面

（33）使用【推拉】工具和【橡皮擦】工具，推拉出如图5-130所示弧形阳台。

（34）选择侧窗以及侧面阳台，键入"G"创建成组件，并将其复制到侧面第三层、正面第二层上，如图5-131所示。

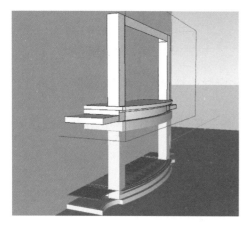

图5-130　完成弧形面绘制

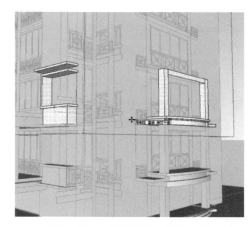

图5-131　复制阳台、侧窗组件

（35）参考正立面，键入"R"绘制出四根基柱轮廓，如图5-132所示。

（36）键入"M"，参考侧立面图，移动基柱到相应位置，如图5-133所示。

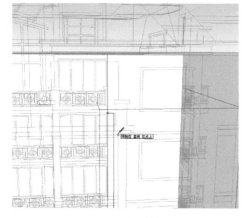

图5-132　绘制基柱轮廓

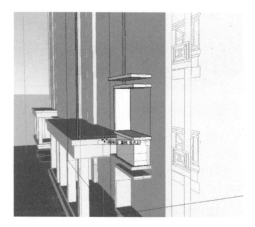

图5-133　移动到基柱位置

（37）打开一楼侧面阳台群组，键入"P"键，将正面阳台内的小格窗拉伸至相应位置，如图5-134所示。

（38）打开侧窗与侧面阳台群组，参考各平面、立面图，使用【矩形】、【推拉】、【铅笔】、【橡皮擦】等工具，绘制正面二楼阳台基座，如图5-135所示。

（39）参考各平面、立面图，使用【矩形】、【推拉】、【铅笔】、【橡皮擦】等工具，绘制正面二楼阳台顶部，如图5-136所示。

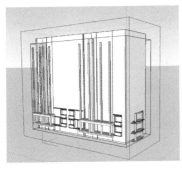  

图5-134 　推出小格窗高度 　　　图5-135 　绘制二楼阳台基座 　　　图5-136 　绘制二楼阳台顶部

（40）选择正面二层所有物体以及侧面一层的阳台，键入"M"以及"Ctrl"键，将其移动复制到正面第三层后，键入"8x"，如图5-137所示。

（41）完成侧窗与窗台的复制后，如图5-138所示。

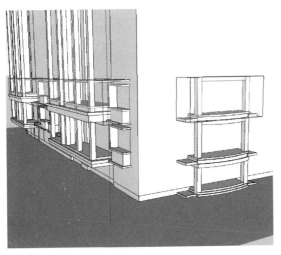

图5-137 　选择并复制侧窗、阳台组件 　　　　　图5-138 　完成复制

（42）接下来绘制顶部装饰，键入"F"键，使小格窗顶部的面偏移复制出其装饰面大小，如图5-139所示。

（43）推出小格窗基柱装饰面厚度，并键入"E"删除多余线条，如图5-140所示。

（44）键入"F"，偏移复制绘制基柱顶部柱头装饰，如图5-141所示。

（45）完成所有基柱的顶部柱头装饰，如图5-142所示。

（46）移动正面顶层中央侧窗的顶部装饰到相应位置，同时，键入"P"键，参考侧立面绘制出顶部装饰面轮廓，如图5-143所示。

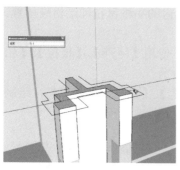

图5-139 绘制小格窗顶部装饰

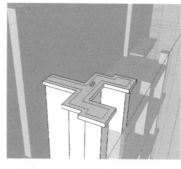

图5-140 推出小格窗基柱
装饰面厚度

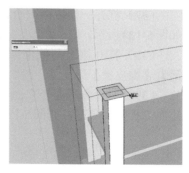

图5-141 绘制基柱柱头装饰

图5-142 完成所有基柱柱头装饰

图5-143 调整中央侧窗顶部装饰位置

（47）选择顶部边线为路径，使用【路径跟随】工具，点选顶部装饰面，跟随出装饰的立体轮廓，如图5-144所示。

（48）参考顶层平面图，键入"T"，做平行于顶面两个小房屋的四条边线的辅助线，并键入"R"绘制小房屋轮廓边线如图5-145所示。

图5-144 【路径跟随】制作顶部装饰物

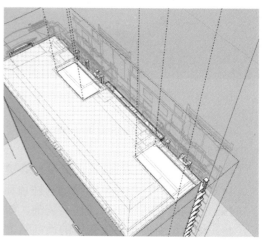

图5-145 绘制顶部小房屋轮廓边线

（49）参考各平面、立面图，推出屋顶构筑物的立体轮廓，如图5-146所示。

（50）使用【卷尺】、【矩形】、【铅笔】、【推拉】等工具，绘制出屋顶构筑物顶部栏杆的基柱，如图5-147所示。

（51）键入"T"作基柱位置的辅助线，并将基柱移动复制到相应位置，如图5-148所示。

（52）键入"L"键，在基柱上绘制出栏杆面的两个角点位置，并键入"R"键，绘制出栏杆面，如图5-149所示。

（53）选择栏杆面的上部边线，键入"M"以及"Ctrl"键，移动复制出栏杆扶手高度，并键入"L"键，参考侧立面绘制出栏杆位置，如图5-150所示。

（54）键入"P"键，推出栏杆及扶手的体积，并选择栏杆移动复制，副本数为"48x"，如图5-151所示。

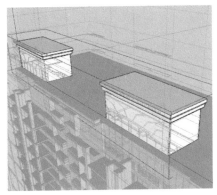

图5-146 推出屋顶构筑物的体积

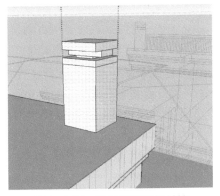

图5-147 绘制顶部栏杆基柱

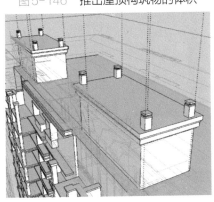

图5-148 移动复制栏杆基柱

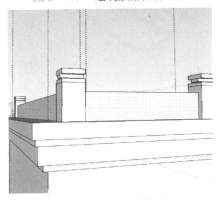

图5-149 绘制栏杆面

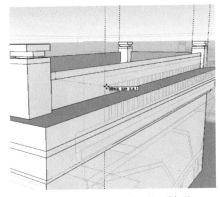

图5-150 绘制栏杆以及扶手

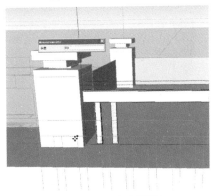

图5-151 复制栏杆

（55）接下来绘制楼体顶部的装潢。键入"L"键，绘制出楼体顶部凹进去的具体位置轮廓，并键入"P"键，推至与顶部小房子一致的厚度，如图5-152所示。

（56）执行【编辑】菜单栏中【删除导向性】命令删除模型中的辅助线，如图5-153所示。

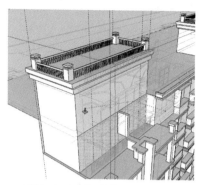
图5-152　修改模型顶部轮廓

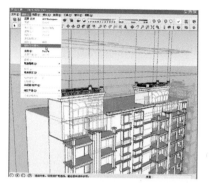
图5-153　删除辅助线

提示：【删除导向线】命令删除的辅助线只含有当前模型中所有辅助线，若在某群组内执行该命令，则不能够删除群组外的辅助线，也不能够删除群组内部的群组或组件的辅助线。

（57）及时删除多余线、面，优化模型，如图5-154所示。

（58）打开平面群组，选择顶部装饰线条，键入"Ctrl"+"C"复制，并打开楼体群组，执行【编辑】菜单栏中【原位粘贴】命令，完成装饰线条的复制，如图5-155所示。

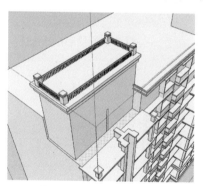
图5-154　优化模型体积

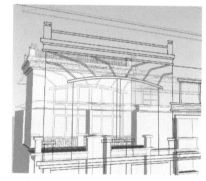
图5-155　复制装饰线条

（59）键入"M"键，将当前选择的装饰线条移动到墙面，并键入"L"，补接没有相交的线条，完成封面，如图5-156所示。

（60）键入"P"键，推出装饰物的体积，并删除多余部分，如图5-157所示。

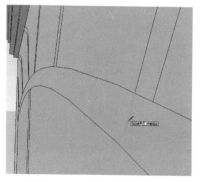
图5-156　补接线条并封面

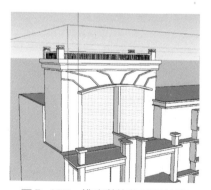
图5-157　推出装饰物体积轮廓

（61）打开正立面群组，并选择顶部装饰面的所有窗户线框复制到楼体群组中，并推出窗框的厚度，如图5-158所示。

（62）参考正立面绘制楼体顶部边线装饰物的截面，并选择楼体边线作为跟随的路径，点击【路径跟随】图标，完成楼体顶部装饰边线绘制，并将其创建成群组，如图5-159所示。

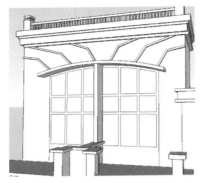

图5-158　复制出窗户面

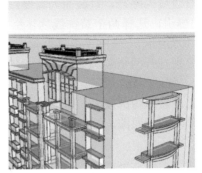

图5-159　绘制顶部边线装饰物

（63）参考顶部平面图，键入"L"，通过捕捉各轴方向，绘制出屋顶轮廓，如图5-160所示。

（64）参考侧立面图，选择中心面，键入"M"以及"↑"键，将其向上移动到斜坡屋顶的相应高度，并优化折叠的平面，将其创建成群组，如图5-161所示。

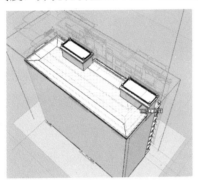

图5-160　绘制顶部屋顶轮廓线条

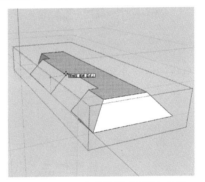

图5-161　移动拖拉出屋顶斜面

（65）参考顶部平面，绘制出顶层小飘窗的顶部轮廓，并创建组件，移动到一侧边线与斜坡屋顶相交，如图5-162所示。

（66）使用【偏移复制】、【铅笔】、【圆】、【推拉】等工具，绘制出顶层小飘窗的例图轮廓，如图5-163所示。

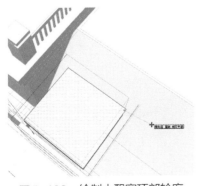

图5-162　绘制小飘窗顶部轮廓

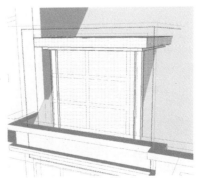

图5-163　绘制小飘窗整体轮廓

（67）打开，并选择小飘窗轮廓，执行右键菜单栏【相交面】中【与模型】选项，以绘制出周边模型与小飘窗相交的线，如图5-164所示。

（68）隐藏屋顶以及装潢群组，绘制侧面阳台顶部的边线，以及阳台顶部装饰线条的截面，同时将其创建成群组，如图5-165所示。

（69）以边线为路径，以截面为需要跟随的面，使用【路径跟随】工具，创建出装饰线条，并退出群组，选择两个装饰线物体组后，执行右键菜单栏【相交面】中【与选项】命令，如图5-166所示。

（70）分别打开两个装饰物体群组，依据交错后的线条，删除或隐藏，使得两个装饰物拼接在一起，如图5-167所示。

（71）完成装饰物拼接后，如图5-168所示。

（72）参考顶平面图，绘制阳台顶部的柱子轮廓，并将其移动到柱子最高处，如图5-169所示。

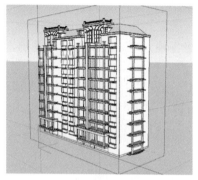

图5-164　小飘窗与屋顶模型交错

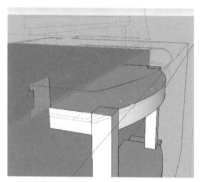

图5-165　绘制侧面阳台上装饰物截面

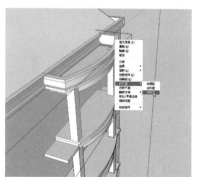

图5-166　模型交错

图5-167　拼接装饰线条

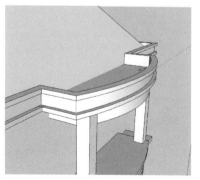

图5-168　完成装饰物拼接

图5-169　绘制柱子轮廓

（73）推出柱子高度后，并绘制出遮挡的屋顶，如图5-170所示。

（74）在屋顶面上绘制出弧线并推出屋顶的弧形面，如图5-171所示。

（75）至此楼体的基本轮廓已制作完成，如图5-172所示。

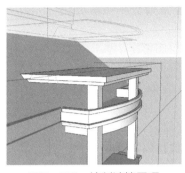
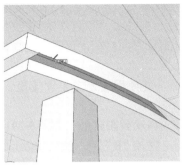

图5-170　绘制遮挡屋顶　　　　图5-171　绘制屋顶弧形面　　　　图5-172　完成楼体轮廓绘制

5.2.2.1　绘制楼体的栏杆以及门、窗

（1）复制侧立面栏杆，并将其原位粘贴至侧面阳台组件内，如图5-173所示。

（2）将粘贴处的栏杆面补全，并创建群组，如图5-174所示。

（3）同样将正立面上此处的栏杆复制到侧面的栏杆群组内，补全面后推出其体积。同时，将栏杆移动到侧面阳台上的正确位置上，如图5-175所示。

（4）观察上一步中的栏杆明显不符合弧形阳台的形状，选择外侧的栏杆将其移动复制出来，并复制弧形阳台边线，键入"F"键，偏移复制出栏杆厚度，同时，键入"L"键，绘制出平面弧形平面，并参考栏杆，推出相应高度，如图5-176所示。

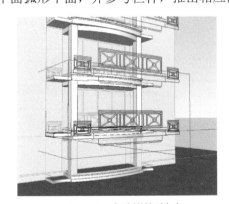
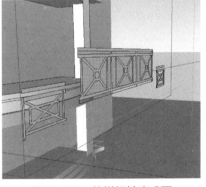

图5-173　复制栏杆轮廓　　　　　　　图5-174　使栏杆轮廓成面

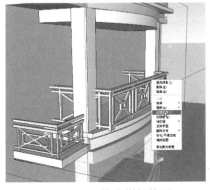
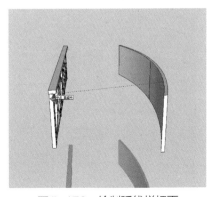

图5-175　推出栏杆体积　　　　　　　图5-176　绘制弧线栏杆面

（5）再次选择外侧边线，使用【偏移复制】、【铅笔】工具，绘制出扶手的厚度，并将弧形栏杆面创建群组，如图5-177所示。

（6）键入"P"键，将栏杆各面推到弧形栏杆面之后，并打开弧形面群组，键入"Ctrl"+"A"全选后，执行右键菜单栏【相交面】中【与模型】命令，使模型交错，如图5-178所示。

（7）退出弧形栏杆面群组，删除方向栏杆，可观察到栏杆轮廓留在了弧形栏杆面上，如图5-179所示。

（8）删除弧形面中多余的面，并使用【铅笔】和【矩形】工具将空缺的面补全，如图5-180所示。

（9）将绘制完成的弧形栏杆面移动到阳台上，如图5-181所示。

（10）接下来，参考侧立面图，键入"R"键，绘制阳台上的推拉门轮廓，如图5-182所示。

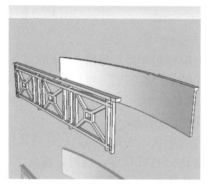

图5-177　推出弧线栏杆体积

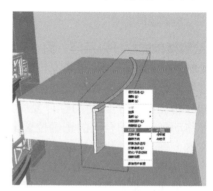

图5-178　模型交错

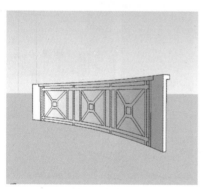

图5-179　删除栏杆

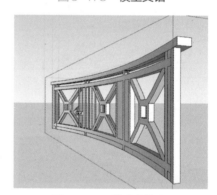

图5-180　补全栏杆面

图5-181　移动栏杆到相应位置

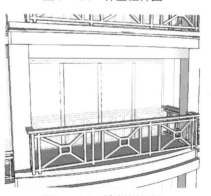

图5-182　绘制侧面门

（11）推出门的体积，并将其创建成组件，其中【黏接至】选择"Any"并勾选剖切开口，灰色剖切面在门面上，如图5-183所示。

（12）选择正立面图中正面阳台处的栏杆轮廓，并将其复制到楼体群组中，如图5-184所示。

（13）从侧立面图中复制出正面阳台的栏杆侧面轮廓，如图5-185所示。

（14）推出正面阳台的栏杆轮廓，并移动到相应位置，如图5-186所示。

（15）参考复制出的侧窗立面，使用【偏移复制】、【铅笔】、【推拉】等工具，打开侧窗组件，绘制出侧窗窗户面，如图5-187所示。

（16）绘制出侧窗的木质栅格窗台，如图5-188所示。

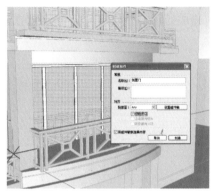

图5-183　创建门组件

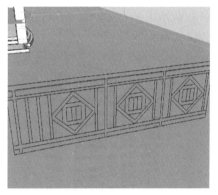

图5-184　复制出正面阳台栏杆

图5-185　复制出侧面栏杆轮廓

图5-186　绘制正面阳台栏杆

图5-187　绘制侧窗窗面

图5-188　绘制木质栅格窗台

（17）完成绘制后，退出组件，可以发现模型中全部的侧窗也随之改变了形状，如图5-189所示。

（18）绘制正面阳台的门轮廓，并创建剖切开口的门组件，剖切面平行于墙面，如图5-190所示。

（19）执行【窗口】菜单栏中【组件】命令，打开【组件】窗口菜单栏中【模型中】组件，找到正面门组件，并将其调入正面上同一层的其他对应位置，并在组件外，键入"S"按比例调整门的宽度、高度，如图5-191所示。

（20）将同一层的门组件，复制到其他楼层上，如图5-192所示。

（21）在楼体群组中，绘制正面中间凹进去的小阳台，并键入"P"推出凹入距离，如图5-193所示。

（22）绘制出小阳台上门轮廓，并将小阳台创建成组件，剖切开口，剖切面在水平墙面上，如图5-194所示。

图5-189　完成侧窗绘制

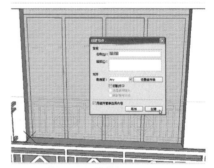
图5-190　绘制正面阳台上的门组件

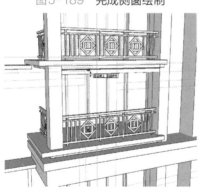
图5-191　调入门组件并调节大小

图5-192　复制每一层的门组件

图5-193　推入小阳台

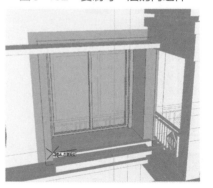
图5-194　创建小阳台组件

（23）参考正立面图，绘制出小阳台上的栏杆，如图5-195所示。

（24）将小阳台组件复制到模型中各层相应位置，如图5-196所示。

（25）参考正立面阳台间的上木质格栅，键入"L"，绘制出栅格，如图5-197所示。

（26）键入"P"键，推出栅格厚度，如图5-198所示。

（27）将绘制的一侧栅格移动复制到另一侧栅格面上，如图5-199所示。

（28）最后，绘制楼体的材质分隔线。执行【窗口】菜单栏中【大纲】命令，在【大纲】窗口菜单栏中选择楼体群组内所有其他群组或组件，点击右键，执行【隐藏】命令，如图5-200所示。

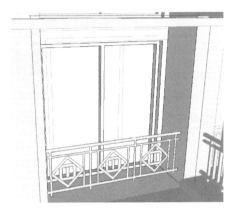

图5-195　绘制小阳台上栏杆

图5-196　复制小阳台

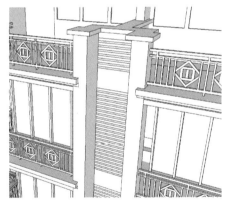

图5-197　绘制木质栅格

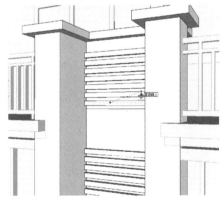

图5-198　推出栅格体积

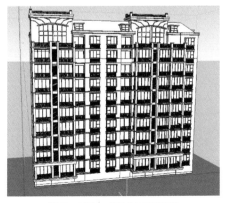

图5-199　复制木质栅格

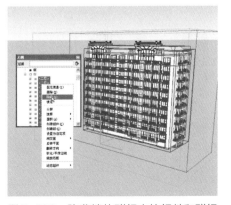

图5-200　隐藏楼体群组内的组件和群组

（29）键入"R"键，绘制一个小的矩形面，并将其创建成群组，键入"S"键，拉伸矩形面使其大于楼体，并键入"M"与"Ctrl"键，向上移动复制一个副本，如图5-201所示。

（30）全选楼体群组内的楼体和矩形面群组，并执行右键菜单栏【相交面】中的【与选项】命令，再删除矩形面群组，如图5-202所示。

（31）执行【编辑】菜单栏【取消隐藏】中【全部】命令，如图5-203所示。

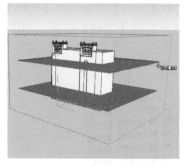
图5-201　制作辅助矩形面

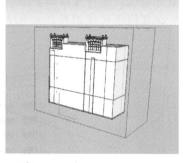
图5-202　模型交错保留墙体上分隔线

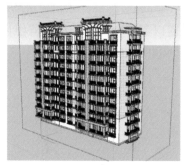
图5-203　取消隐藏群组、组件

5.2.2.2　为模型铺贴材质

（1）首先，选择模型中作为参考的平面、立面图一一隐藏，打开【组件】窗口菜单栏【模型中】面板，点击图标 ，清理模型中多余的组件，如图5-204所示。

（2）选择符号材质中的□"Rigid Insulation"材质，为楼体底部上材质，如图5-205所示。

（3）执行右键菜单栏【纹理】中【位置】命令，调整别针，以更改材质大小，如图5-206所示。

（4）在【材质】的【编辑】面板中，调整材质色彩，如图5-207所示。

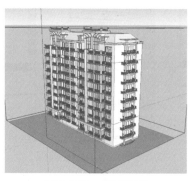
图5-204　清理模型

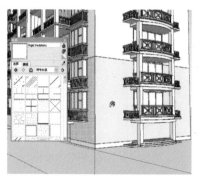
图5-205　填充底部墙面材质

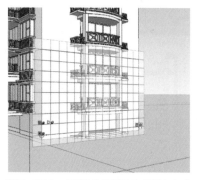
图5-206　调整底部墙面材质的大小

图5-207　调整底部墙面的颜色

（5）为添加中间的墙体新材质，可以新建一个材质，并点击【打开】 ![图标]，找到电脑中相应材质，如图5-208所示。

（6）选择新建的材质，填充中间段的墙体，如图5-209所示。

（7）选择 ![图标] "西班牙式瓦片屋顶"材质，打开屋顶群组，并填充楼房屋顶，如图5-210所示。

（8）在【材质】的【编辑】面板中，将色彩调整方式改为"HSB"模式，并调整屋顶的材质，如图5-211所示。

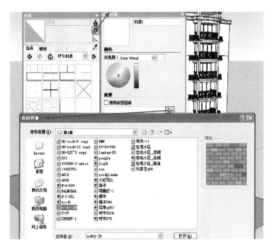

图5-208 导入中间墙面的材质

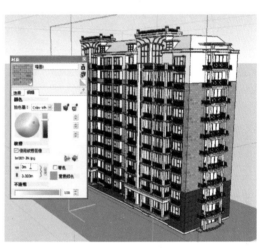

图5-209 填充中间墙面材质

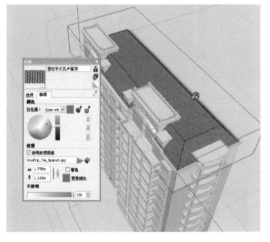

图5-210 填充屋顶材质

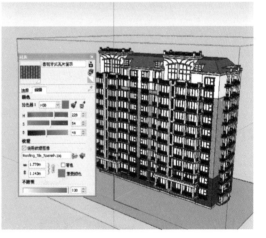

图5-211 调整屋顶材质

（9）选择 ![图标] "颜色G13"材质填充楼体中所有栏杆面，如图5-212所示。

（10）执行【视图】菜单栏【边线样式】中的【边线】命令关闭边线显示，并点击图标【阴影设置】面板，勾选【使用太阳制造阴影】，观察模型中栏杆材质的颜色，并对其进行调整，如图5-213所示。

（11）再次执行【视图】菜单栏【边线样式】中的【边线】命令打开边线显示，选择"蓝色半透明玻璃"材质填充玻璃门与玻璃窗材质，如图5-214所示。

（12）为加强玻璃材质效果，可以键入"P"以及"Ctrl"键，往后复制推出一个0.001m距离（距离可以根据模型来自拟）的面，如图5-215所示。

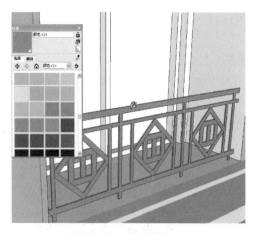

图5-212　填充栏杆材质

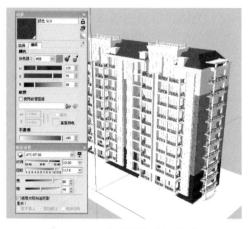

图5-213　调整栏杆材质颜色

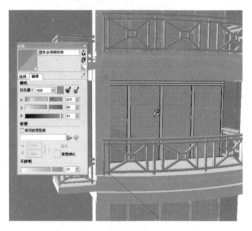

图5-214　填充玻璃门、窗材质

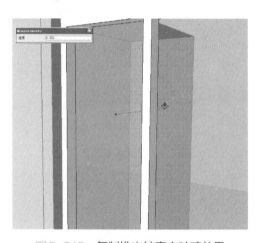

图5-215　复制推出较真实玻璃效果

（13）键入"B"键，并按住"Alt"键吸取模型栏杆的材质，填充窗子的边框，如图5-216所示。

（14）再次使用调整后的"颜色G13"材质填充门的边框，如图5-217所示。

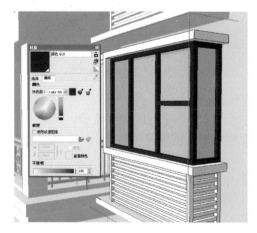

图5-216　填充窗子边框材质

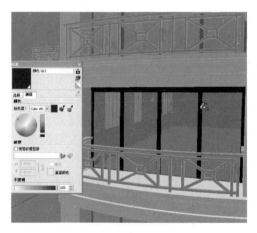

图5-217　填充门边框材质

（15）选择"原色樱桃木质纹"材质，填充侧窗窗台下的木栏杆，如图5-218所示。

（16）再次使用"原色樱桃木质纹"材质，填充阳台中间的木格栅，如图5-219所示。

（17）吸取墙面材质，为小阳台内墙面填充材质，如图5-220所示。

（18）调整小阳台内材质样式。执行右键菜单栏【纹理】中【位置】命令，将方向错误的材质重新调整，如图5-221所示。

（19）完成调整后可以发现模型中小阳台组件在第一、二层以及顶部两层的墙面与周边墙面材质不一致，如图5-222所示。

（20）分四次选择第一、二层以及顶部一、二层的小阳台，执行右键菜单栏中【设定为自定项】命令，使其分别独立开来，如图5-223所示。

（21）将独立出来的各层小阳台分别修改其墙面材质，如图5-224所示，为第二层小阳台添加周边的灰色瓷砖墙面材质。

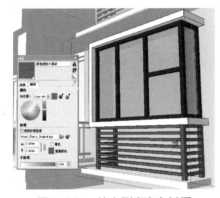

图5-218　填充侧窗窗台材质

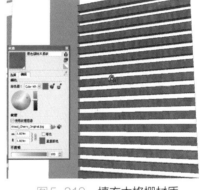

图5-219　填充木格栅材质

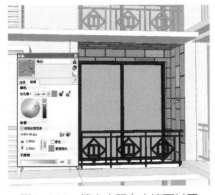

图5-220　填充小阳台内墙面材质

图5-221　调整小阳台内材质方向

图5-222　完成小阳台墙面材质填充

图5-223　独立多层的小阳台组件

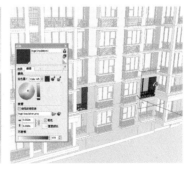

图5-224　修改独立小阳台墙面材质

5.2.2.3 装饰楼房

（1）为建筑添加周边环境地形，包括山体和道路，如图5-225所示。

（2）为周边环境添加材质，如图5-226所示。

（3）为周边环境添加树木，如图5-227所示。

（4）为周边环境中加入亭子，人等装饰物，如图5-228所示。

（5）打开阴影面板，开启【阴影】，选择调节【阴影设置】面板中的时间参数，同时执行【窗口】菜单栏中【样式】命令，调整为预设样式中的"普通样式"，完成需要导出的效果图样式，如图5-229所示。

（6）执行【视图】菜单栏【边线样式】中【边线】命令，关闭边线显示，并调整【阴影设置】面板中的时间参数，得到如图5-230所示效果。

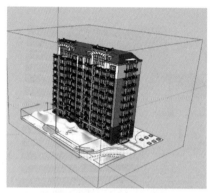

图5-225　添加周边环境地形

图5-226　为周边环境添加材质

图5-227　添加树木组件

图5-228　添加亭子、人等装饰物

图5-229　设置阴影参数

图5-230　关闭边线

渲染有多种方式，其中通过使用 VRay For SketchUp（简称 VFS）的方式渲染可以到达照片级的效果，它作为一款功能强大的全局光渲染器，能很好地与 SketchUp 兼容，可以使模型的材质以及空间的光影关系更为真实，细节更为完善。

使用 VFS 渲染时，需要通过编辑材质、初次渲染效果测试以及调整后最终出图三步来完成一个效果较为真实的图片渲染。

（1）首先，编辑图中的材质。键入"B"键，按住"Alt"键，吸取水面材质，点击 VRay 工具栏中【材质编辑器】工具图标 Ⓜ，并点击材质中的预览，如图 5-231 所示。

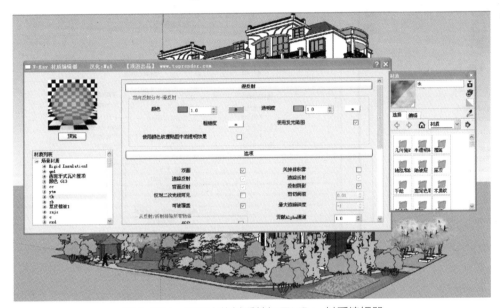

图 5-231　吸取水体材质并打开 VRay 材质编辑器

（2）在该材质名字之上点击右键，在弹出的右键菜单栏中选择【创建材质层】内的【反射】命令，如图 5-232 所示。

（3）打开模型中的【样式】、【组件】、【材质】窗口菜单栏，都转换到模型中面板，分别点击图标 🖘，一一清理模型中的未使用项，如图 5-233 所示。

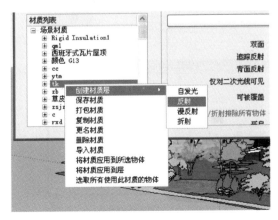

图 5-232　创建反射材质层

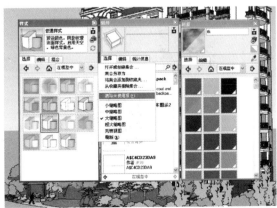

图 5-233　清理模型

（4）在【材质】窗口菜单栏，将查看模式改为列表模式（点击图标 🗏），在【模型中】内所有名为中文的材质改为英文名（或拼音加数字的模式），如图5-234所示。

提示：在某些VFS版本之中，渲染时会自动关闭SketchUp，一般的出现这个情况的原因是因为VRay不能识别其中名字为中文的材质，就会出错退出SketchUp，因此，在这种情况下，应当把SketchUp中的材质名称全部改为英文名，有时这些材质源图片的文件本身名也不能为中文，同样需要更改。

（5）完成所有材质的参数调整之后，即可设置初次渲染测试的参数，打开VRay设置面板，勾选材质覆盖，并更改输出图片的尺寸大小，如图5-235所示。

图5-234　修改材质名

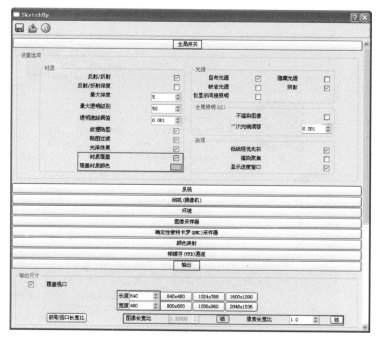

图5-235　设置测试渲染参数

（6）在打开的材质编辑器中，点击反射后的按钮 ▇▇▇，即打开一个贴图材质编辑器，选择"菲涅耳"材质即可呈现反射效果，如图5-236所示。

图5-236　修改水体材质

（7）可以观察到模型中有几棵黄色树的材质是由透明的图片构成的，并且材质中不能找到树叶的材质，因此需要将这些图片炸开，如图 5-237 所示。

（8）炸开后，边线即显示出来了，需要将其隐藏，如图 5-238 所示。

（9）这时，打开 VRay 材质编辑器，即可找到该材质，勾选【使用颜色纹理贴图中的透明效果】，如图 5-239 所示，之后再点击预览即可观察到如图 5-240 所示透明效果。

（10）渲染完成后，效果如图 5-241 所示。

（11）取消勾选材质覆盖，渲染时将出现如图 5-242 所示效果。

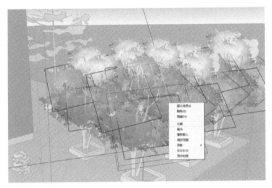

图 5-237　炸开图片

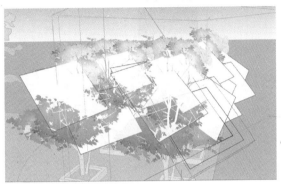

图 5-238　隐藏图片的边线

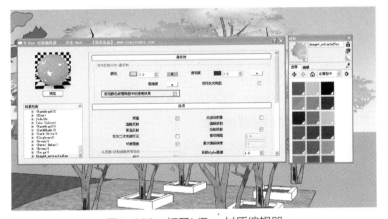

图 5-239　打开 VRay 材质编辑器

图 5-240　预览树叶材质

图 5-241　覆盖材质渲染效果

图 5-242　取消覆盖材质渲染效果

（12）更改参数面板中的环境，并设置环境参数，如图5-243所示。

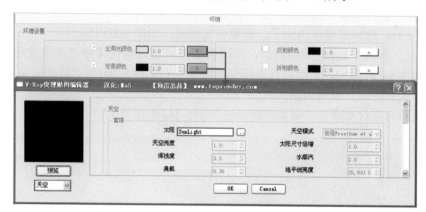

图5-243 设置环境参数

（13）更改图像采样器的参数，增加细分，如图5-244所示。

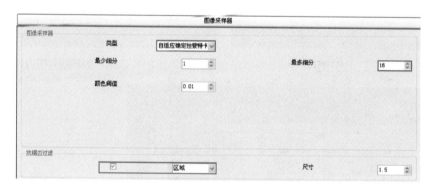

图5-244 设置图像采样器参数

（14）进一步提高纯蒙特卡罗采样器的参数，如图5-245所示。

图5-245 设置纯蒙特卡罗采样器参数

（15）将灯光缓存中的细分增加到1000，如图5-246所示。

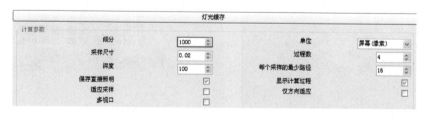

图5-246 设置灯光缓存参数

（16）最后再设置图片输出的大小，这里将大小设置为2048×1536，如图5-247所示。

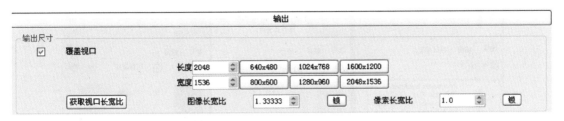

图5-247　设置图片输出参数

（17）设置完成之后，即点击开始渲染图标 ⓡ，开始渲染。等待渲染完成之后，点击保存，即可得到如图5-248所示的效果图和如图5-249所示的通道图。

图5-248　渲染的效果图

图5-249　通道图

5.3　本章小结

通过本章构筑两种类型建筑模型过程的详细讲解，可以发现，群组与组件在建模时的利用频率非常高，一个熟练的建模师在建模之前就要进行缜密的思考，将所需要构建的物体分解为若干个群组和组件，再将其一一创建组成为一个严谨的整体。通过这样的方式建模，模型之间各物体没有粘连在一起，很大程度上利于模型的修改和操作，实现了"草图大师"方案反复推敲的可能性，不容易出现因模型难以更改而阻断思想的情况。

同时，也应该注意，在制作模型时，一定注意要及时删除多余的线、面，防止由于多余的线、面引起下一步操作的困难。除此之外，特别是在构筑一个比较复杂的模型时，还应对模型中多余的材质、组件，甚至多余的样式进行清理，以减少模型内存加快模型运行速度。清理的方式一般可以直接使用SketchUp中各面板命令，同时也可以使用插件中的清理功能。

SketchUp清理材质、组件与样式的基本方法：

（1）首先分别打开【材质】、【组件】、【样式】窗口菜单栏，点击各窗口菜单栏中【模型中】图标 ⌂，进入【模型中】面板，如图5-250所示。

（2）点击各面板中【详细信息】图标 ⊟，并点击弹开的菜单栏中【清理未使用项】，完成该项内容的清理，如图5-251所示。

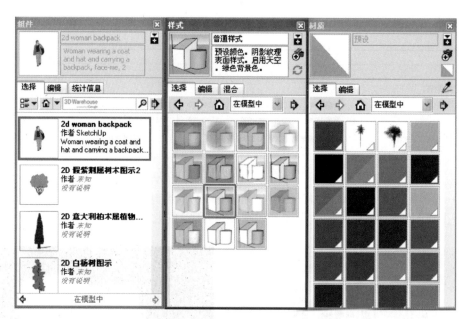

图5-250　打开各窗口菜单栏中【模型中】面板

图5-251　执行【清理未使用项】

除此之外，建模时补面以及在弧形面上绘制复制图形也是本章的一个要点。

在SketchUp补面需要用到【铅笔】或【矩形】工具，当然，也可以使用插件中的相应功能。当需要补全面的线框是在一个平面上并且呈闭合状态时，仅需要连接线上两点即可补全。但有时，会出现线框中的线段没有连接在一起、线条端头搭接在一起或者面内有多余线头的情况，不能快速补全面，应该先用铅笔围合线条上一部分的面积，来一一排除正确连接线段，最终围合出不能构成面的点，将其修改至连接线条，并删除多余线段即可成面。在找到特定出错点时，由于放大的倍数会非常大，并且滑轮缩放的数值比例不确定，因此建议键入"Z"，使用【缩放】命令来放大出错点，防止用滑轮缩放时，过度缩放使错误点远离观察视角而很难再次找到该点的情况。

　　在弧形面上绘制图形时，可以先将需要的图形绘制成平面上的图形，再绘制一个弧形面并将其推起，通过模型交错后，删除多余图形并将弧形面上两面之间所对应的两点一一连接起来即可完成模型的绘制。

5.4 思考与练习

　　【练习5-1】 请思考，在建筑外观设计的模型建立时，哪些物体需要创建成组件，其中又有哪些可以创建成可以剖切面的组件？为什么使用组件不使用群组？

　　首先，需要创建组件的物体即是模型中反复出现的同一个形状的物体，它的材质相同或是只有几类，例如房屋基柱、窗、门等物体。

　　而需要创建可以剖切面的物体即为需要"开洞"的物体，例如门、窗等基础物体，这是为了防止当玻璃面与墙面重叠时会出现闪烁现象，同时没有墙面遮挡也更符合实际，所以，当绘制需要嵌入墙面的物体时，就可以将其创建成可以剖切面的组件。

　　由于组件是具有关联性，而群组则没有关联性，操作其中一个对其他同一形状的物体群组是没有影响的。所以当要绘制多个同一个形状物体时，使用组件能够更方便一次性更改该物体，或为所有同一物体填充统一的材质。

　　【练习5-2】 本章中介绍到了别墅以及住宅楼的构建方法，那么请思考如何使用SketchUp快速构建一栋商业办公楼建筑（如图5-252所示的上海环球金融中心）。

图5-252　上海环球金融中心

依据照片建模是一个很好地锻炼自己思考如何制作模型的方式，我们可以观察到，这个建筑的基础轮廓可以通过模型交错或使用布尔运算快速创建出来，而细节部分则可以通过创建组件或群组绘制出，例如玻璃幕墙的支柱，绘制横向支柱时，可以使用矩形面与模型相交，并交错得到一个线框，将线框创建成群组（或组件），同时绘制成立体支柱形式，再进行移动复制到相应位置即可。

第 **6** 章
园林景观设计

园林景观根据园林景观设计元素的布局有以下分类：规则式布局园林风格，如经典的法式园林——凡尔赛宫，如图6-1所示；自然式布局园林风格，如著名的中国古典园林——拙政园，如图6-2所示；以及混合式布局风格，如以上海版图为布局的公园——徐家汇公园，如图6-3所示。现代设计中常常使用到的是混合式布局风格，可以因地制宜，地形平坦的可成规则式，地形起伏的可成自然式；大面积以自然式为宜，小面积以规则式较经济；四周环境形势亦影响布局形势，例如广场、林荫道等地以规则式居多，山体附近、自然水体等地以自然式居多，现代公园、体院馆等地以混合式居多。

图6-1　凡尔赛宫

图6-2　拙政园

图6-3　徐家汇公园

SketchUp软件的应用在园林景观专业中快速兴起,逐渐成为一个广泛普及的建模、构思推敲方案的工具。在绘制景观场所时,常常先用CAD绘制场所地形情况,经整理后,将其导入到SketchUp中来创建模型。而一般创建模型应将地形、建筑、植被与园建设施分开设立,地形是基础,建筑、园建设施与植物布置等则为主体,再配合其他装饰物装点整个模型。

本章以一个屋顶花园以及一个小区中心组团绿地为例来讲解如何应用SketchUp软件构建园林景观模型。

6.1 绘制屋顶花园

本节以如图6-4所示CAD绘制的底图为基础,绘制一个屋顶花园模型。在绘制屋顶花园时,一般不需要将屋面以下的建筑绘制出来,仅需要将墙面、栏杆或部分屋顶花园以上建筑构筑物作为背景绘制出来即可,其主要重点是屋顶花园的内容。

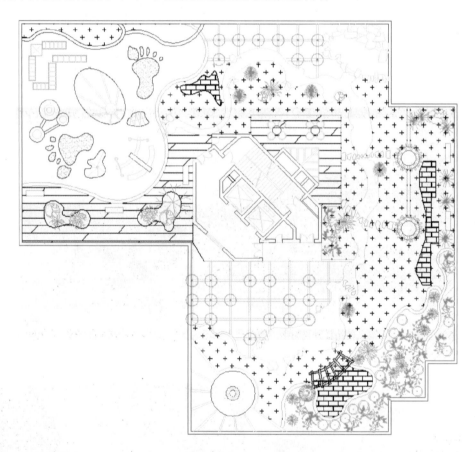

图6-4 CAD屋顶花园底图

6.1.1 导入CAD底图

首先仔细观察CAD底图,这个屋顶花园大致分儿童娱乐区、休闲区与观赏区三个功能区域,其中有水体、三角亭、特色小品、木质平台等园林构建元素,因此首先应当整理模型并将模型封面。

（1）删除底图中的填充物以及多余物体，如图6-5所示。

（2）打开CAD底图，将三角亭、水体、石块、廊架等物体分别创建成块，确保导入SketchUp之后，搭接的线条不会太过凌乱，封面后不会存在过多的分割线，如图6-6所示。

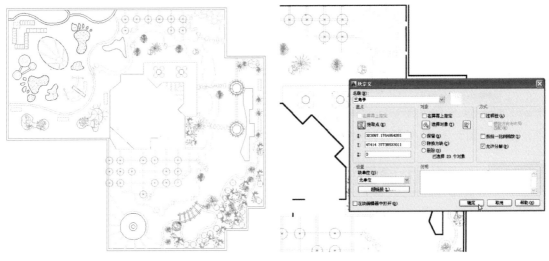

图6-5　删除多余物体　　　　　　　　　　图6-6　CAD原底图

（3）将除植物以外其他物体全选后，放入"0"图层，并将所有植物块放入组件中，如图6-7所示。

（4）键入"PU"清理图形，再键入"X"分解图形中非块的物体、线条，并打开编辑三角亭、水体、石块、廊架等需要在模型中绘制成面的块，键入"X"将当前块分解。之后将其另存为导入SketchUp的dwg格式文件，如图6-8所示。

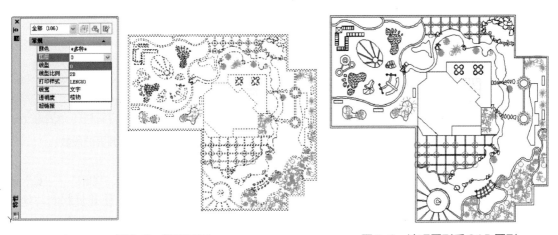

图6-7　管理图层　　　　　　　　　　图6-8　清理图形后CAD图形

（5）打开SketchUp 2013，导入底图，并选择设置毫米为导入单位，如图6-9所示。

（6）完成导入后，点击【图层管理器】图标打开【图层】窗口菜单栏，可以观察到模型中图层为导入CAD的所有图层，因此首先选择多余的"LENGUO"和"文字"图层，点击【删除图层】图标⊖，完成模型图层清理。如图6-10所示。

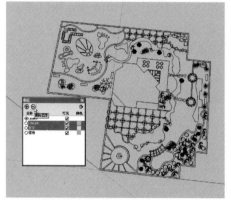

图6-9 导入图形到SketchUp中　　　　　　　　图6-10 清理图层

6.1.2 绘制屋顶花园基础模型

（1）为了更好地观察并绘制模型，首先关闭"植物"图层的可见性，如图6-11所示。

（2）选择模型中的段数明显过少而不圆滑的圆形或圆弧，执行右键菜单栏中【图元信息】，打开【图元信息】面板，并更改增加其段数，如图6-12所示。

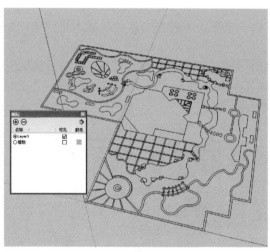

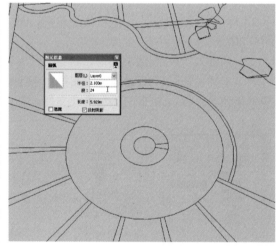

图6-11 隐藏"植物"图层　　　　　　图6-12 修改圆或圆弧的段数

（3）打开"水体"组件，键入"Ctrl"+"A"键全选水体，同时键入"Ctrl"+"C"键将其复制，退出水体组件后，执行【编辑】菜单栏中【原位粘贴】命令，使其复制到与地面线条同一模型空间中，如图6-13所示。

（4）接下来是封面工作，由于此方案中弧形线段非常多，因此该模型内的断线或线头也同样很多，为了更方便补面，在此介绍一个"标记线头"插件工具，执行【插件】菜单栏（安装插件后自动生成的菜单栏）中的【标记线头】命令，完成后，如图6-14所示。

提示：【标记线头】插件工具是针对各类矢量文件导入SketchUp后，由于线条没有完美搭接，用于查找多余线头和线条缺口的工具，通过快速查找补全线头缺口，便于下一步进行封面操作。

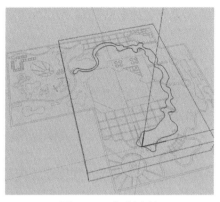

图6-13　复制水体

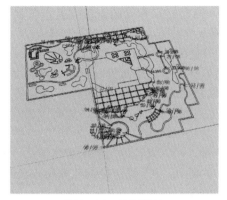

图6-14　标记线头

（5）键入【铅笔】工具快捷键"L"，通过一一连接打断标记的缺口处，并删除多余线头和标记符号，修补缺口，完成缺口附近的封面操作，如图6-15所示。

（6）继续使用【铅笔】工具和【橡皮擦】工具，为模型中其他线条、物体封面，如图6-16所示。

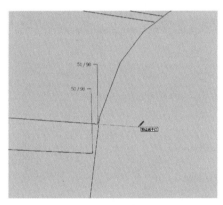

图6-15　补全缺口

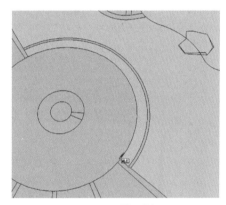

图6-16　模型封面

（7）通过补充并删除多余线头完成封面后，如图6-17所示，注意其中的组件仍然是没有成面的线框。

（8）全选所有面，并执行右键菜单栏中【翻转平面】命令，使其正面朝上，如图6-18所示。

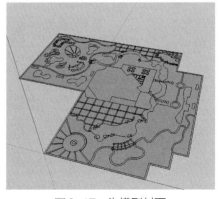

图6-17　为模型封面

图6-18　翻转平面

（9）推起建筑和墙面以及女儿墙的高度，再键入【橡皮擦】快捷键"E"，删除墙体上多余线条，如图6-19所示。

（10）打开水体组件，键入【推拉】工具快捷键"P"，向下拉出水体厚度，如图6-20所示。

（11）观察拉出的面可以发现，曲面上有过多的竖直线条，需要柔化。键入"Ctrl"+"A"全选水体组件内的内容，再执行右键菜单栏中【软化/平滑边线】命令，调整角度大小，勾选【软化共面】，从而柔化水体侧面边线。如图6-21所示。

（12）将水体表面翻转，键入"L"键，在二级花池侧边墙体处绘制墙体分界线，再键入"P"键，将二级花池一侧的墙体继续向上推起，如图6-22所示。

（13）键入"P"键，推起儿童游乐区的塑胶地板区域至相应高度，如图6-23所示。

（14）分别推起一、二级花池高度，如图6-24所示。

（15）再推起树池与地面分界线高度，如图6-25所示。

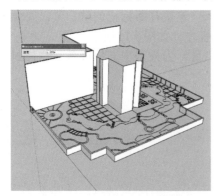

图6-19 推起建筑与女儿墙

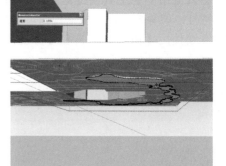

图6-20 拉出水体深度

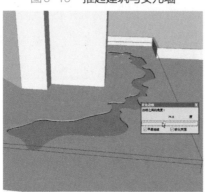

图6-21 柔化水体侧面边线

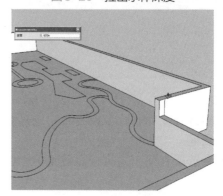

图6-22 推起高墙高度

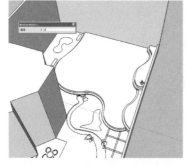

图6-23 推出儿童游乐区
地面高度

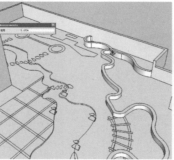

图6-24 推出花池高度

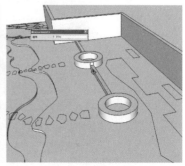

图6-25 推出树池与地面分
界线高度

（16）将地面瓷砖一一推起相应高度，如图6-26所示。

（17）将石块水池的水池壁推起，如图6-27所示。

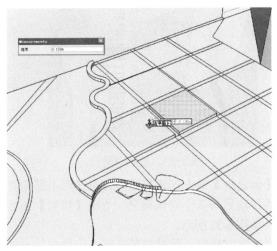

图6-26　推起地面瓷砖高度

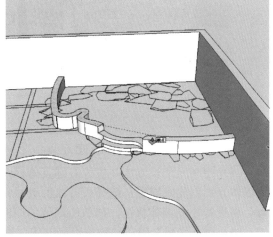

图6-27　推起石块水池壁高度

6.1.3　绘制园建设施

（1）选择一级花池旁的异形小品构筑物，执行右键菜单栏中【创建组】命令，将其创建为群组，如图6-28所示。

（2）键入"P"键，推起异形小品构筑物中的墙体高度，如图6-29所示。

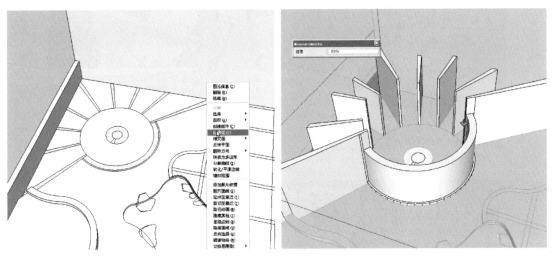

图6-28　创建小品群组　　　　　　　　　　图6-29　推起墙体高度

（3）选择一个斜面上的三条边线，键入【偏移复制】快捷键"F"，偏移复制出门框大小，如图6-30所示。

（4）键入"L"键与"→"键，绘制门框四个角点到该墙体后侧面上平行于红轴的线条，并连接后侧面上这四条线的角点作为门框，再键入"E"键，删除门面，并将底面翻转成正面，如图6-31所示。

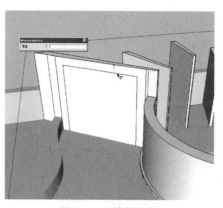

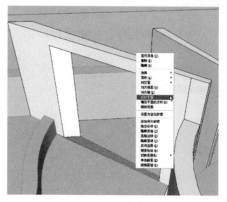

图6-30　绘制门框　　　　　　　　　　图6-31　绘制门洞

（5）绘制一个长方体并执行右键菜单栏中【创建组】命令创建群组，再将异形小品中其他墙体分别创建成群组。选择长方体群组并将其移动到与多个墙体相交，点击【修剪】图标 ，再选择小品墙体群组，修剪出墙体的门洞，如图6-32所示。

（6）键入"M"键，移动群组到与第二面墙体群组相交，同时将其旋转一定角度，再键入【缩放】工具快捷键"S"，缩放立方体。之后选择长方体，点击【修剪】图标 ，再选择第二面墙体群组，完成门洞修剪，如图6-33所示。

（7）选择弧形墙面的边线，键入"F"键，向外偏移复制，如图6-34所示。

（8）键入"L"键，连接两条边线，绘制成面。键入"P"键，向下拉出镶边墙体的厚度，再选择边线，键入"M"以及"Ctrl"键，向下移动复制到中线位置，如图6-35所示。

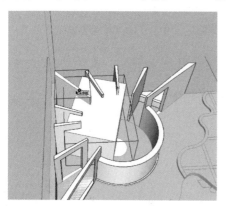

图6-32　修剪侧墙门洞　　　　　　　　图6-33　修剪完整门洞

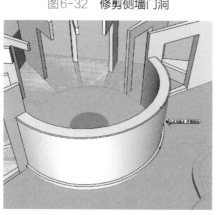

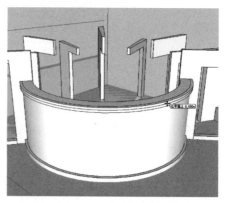

图6-34　偏移复制边线　　　　　　　　图6-35　移动复制边线

（9）分别选择上下侧的边线，键入"S"键，缩放出镶边墙体的坡度，再键入"E"与"Ctrl"键，柔化边，如图6-36所示。

（10）键入"L"键，绘制花坛分界线，并键入"P"键，推起花坛高度，如图6-37所示。

（11）使用【移动】、【偏移复制】、【推拉】工具偏移复制出花坛坐凳样式，如图6-38所示。

（12）完成异形小品组件中其他花坛以及坐凳的绘制，如图6-39所示。

（13）使用【推拉】、【偏移复制】工具，绘制出花坛的形状，如图6-40所示。

（14）选择花坛上侧边线，键入"S"以及"Ctrl"键，中心缩放出坡面，如图6-41所示。

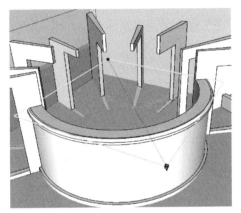

图6-36　缩放出坡度

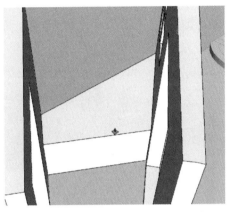

图6-37　绘制花坛边线并推起高度

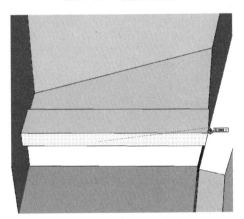

图6-38　绘制坐凳样式

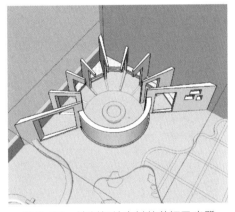

图6-39　绘制组件中其他花坛及坐凳

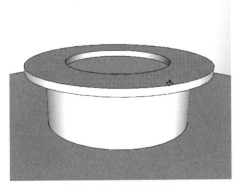

图6-40　推出花坛

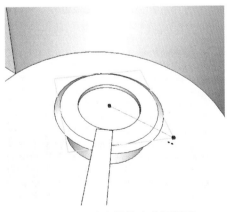

图6-41　中心缩放出花坛斜面

（15）键入"M"键，将廊架移动到空中，再打开廊架组件，键入"P"键，推出廊架横梁厚度，如图6-42所示。

（16）推出廊架的弧形梁、支柱以及玻璃厚度，如图6-43所示。

（17）退出并选择廊架组件，执行右键菜单栏中【软化/平滑边线】，使廊架的多余边线柔化，如图6-44所示。

（18）键入"M"键，向上移动三角亭组件，如图6-45所示。

（19）使用【铅笔】工具，为三角亭横梁封面，并绘制出三角亭高度辅助面，如图6-46所示。

（20）键入"L"键，绘制屋脊斜面，并键入"E"键，删除多余线条，如图6-47所示。

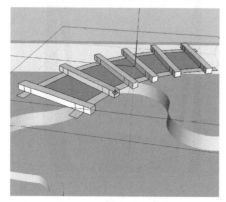

图6-42　推出廊架横梁

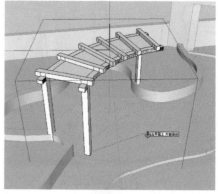

图6-43　推出廊架弧形梁、支柱及玻璃厚度

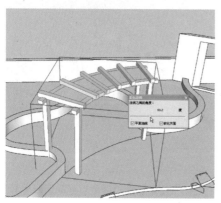

图6-44　柔化廊架组件

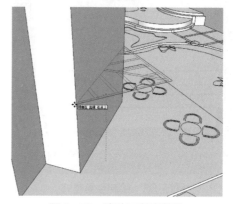

图6-45　移动三角亭组件

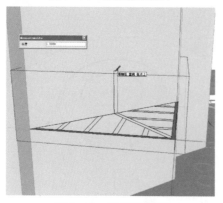

图6-46　绘制辅助面

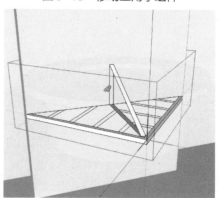

图6-47　绘制屋脊面

（21）键入"P"键推出横梁以及屋脊厚度，如图6-48所示。

（22）键入"M"键，一一点击斜梁端点，移动到与屋脊相交，如图6-49所示。

（23）键入"P"键，推出斜梁厚度，再键入"L"键，连接边角与屋脊上角点作为两条屋脊线，如图6-50所示。

（24）删除多余的面，键入"M"移动其余斜梁端点至与两条屋脊线相交，如图6-51所示。

（25）键入"P"键推出斜梁厚度。由于推出的面是立方体，而斜梁与横梁相交处未能相接，因此需要将其衔接。选择矩形面，键入"Q"键，以相交面角点为基点，旋转立方体至与横梁相交，如图6-52所示。

（26）键入"L"键，在屋脊上绘制中线，再键入"M"以及"Ctrl"键，将中线复制移动到三角亭的边角上，如图6-53所示。

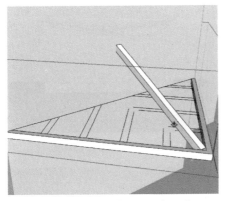

图6-48　推出横梁及屋脊厚度

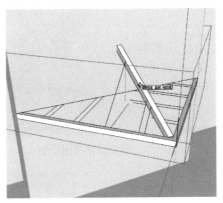

图6-49　移动斜梁边线

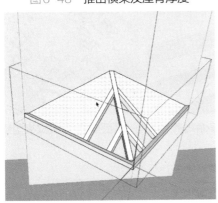

图6-50　绘制另两条屋脊线

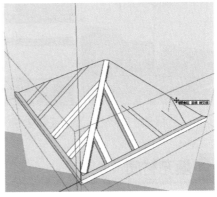

图6-51　移动剩下的斜梁边线

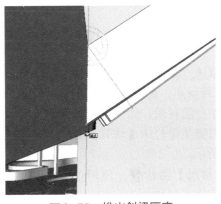

图6-52　推出斜梁厚度

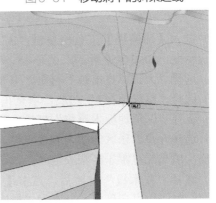

图6-53　复制移动中线

（27）键入"L"键，绘制出三角亭屋顶面，如图6-54所示。

（28）键入【圆】工具快捷键，绘制亭子基柱圆形面，并键入"P"键，推起基柱高度，如图6-55所示。

（29）绘制三角亭所有基柱并推出高度，完成亭子组件绘制，如图6-56所示。

（30）检查模型，键入"E"键，删除模型中的多余线条，如图6-57所示。

（31）将儿童区各类组件放到地面上，并三击选择地面全部物体，执行右键菜单栏中【软化/平滑边线】命令，完成模型整理，如图6-58所示。

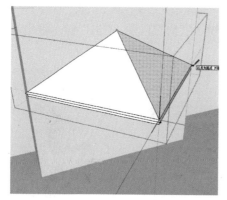

图6-54　绘制三角亭屋顶面

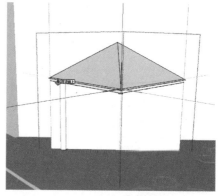

图6-55　推出柱子高度

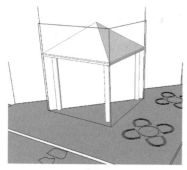

图6-56　完成亭子绘制

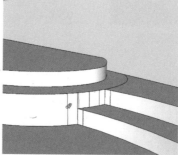

图6-57　删除多余线条

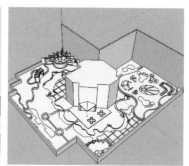

图6-58　完成模型整理

6.1.4　填充材质

在完成模型整理后，即可开始为模型赋予材质，在赋予材质的同时修改整理模型使其更为真实。

（1）键入【油漆桶】工具快捷键"B"，选择"淡灰"材质填充楼体以及背景墙体，并调节其透明度，如图6-59所示。

（2）选择"人工草皮植被"材质，填充地面草地，并调整其大小，如图6-60所示。

（3）选择"草皮植被1"材质，填充花坛中草坪材质，如图6-61所示。

（4）选择"深色地板木质纹"材质，填充木平台的材质，如图6-62所示。

（5）选择儿童游乐区的两个脚板组件，执行右键菜单栏中【炸开】命令，并选择"软木板"材质，填充儿童游乐区塑胶地面，如图6-63所示。

（6）选择"软木板"材质后，点击【创建新材质】图标■，使用"HSB"拾色器，调整材质为红色，再点击确定，创建为"材质4"，如图6-64所示。

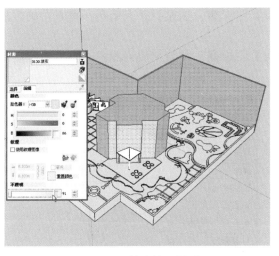

图6-59　填充墙面材质

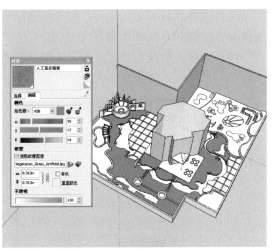

图6-60　填充草地材质

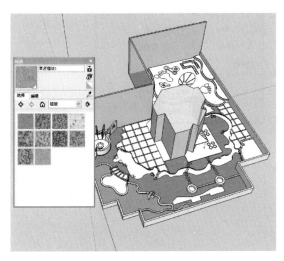

图6-61　填充草坪材质

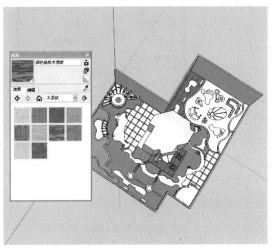

图6-62　填充木平台材质

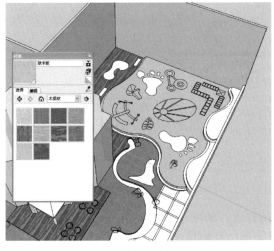

图6-63　填充塑胶地面材质

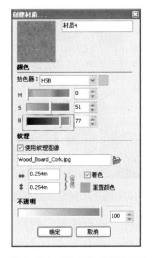

图6-64　添加红色新材质

（7）选择"材质4"后，点击【创建新材质】图标，调整材质为蓝色，再点击确定，创建为"材质5"，如图6-65所示。

（8）选择"材质5"后，点击【创建新材质】图标，调整材质为绿色，再点击确定，创建为"材质6"，如图6-66所示。

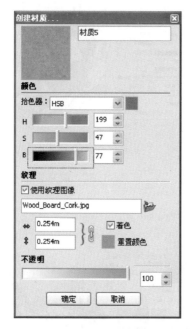

图6-65 创建蓝色材质

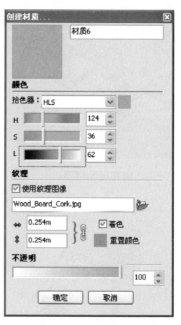

图6-66 创建绿色材质

（9）使用"材质4"、"材质5"、"材质6"填充儿童游乐区剩余地面材质，如图6-67所示。

（10）打开水体群组，选择"闪光的水域"材质，填充水面，并填充石块水池水面材质，如图6-68所示。

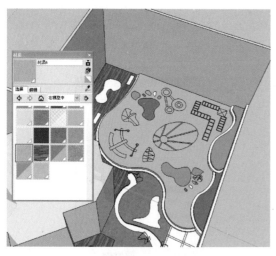

图6-67 填充儿童游乐区地面材质

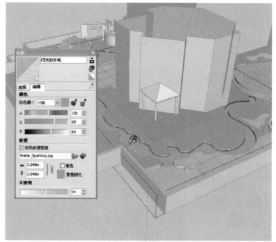

图6-68 填充水面材质

（11）选择"砖石建筑"材质，填充地面铺砖材质，如图6-69所示。

（12）选择"多片石灰石瓦片"材质，填充异形小品构筑物中圆形地面材质，如图6-70所示。

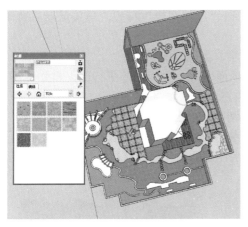

图 6-69　填充地面铺砖材质

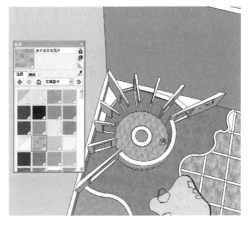

图 6-70　填充圆形地面材质

（13）选择"浅色砂岩方石"材质，填充石块地面的材质，如图6-71所示。

（14）选择"方石石板"材质，填充墙体材质，如图6-72所示。

（15）选择"植被"面板中的各类植物材质填充异形小品构件内的草坪面，并选择"浅色砂岩方石"填充弧形墙镶边和坐凳材质，如图6-73所示。

（16）使用【铅笔】工具，绘制弧形墙的垂直平行面，如图6-74所示。

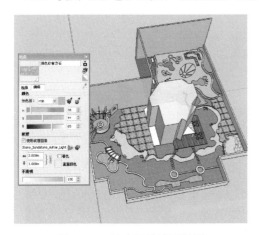

图 6-71　填充石块地面材质

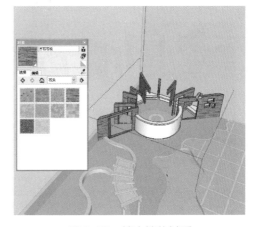

图 6-72　填充墙体材质

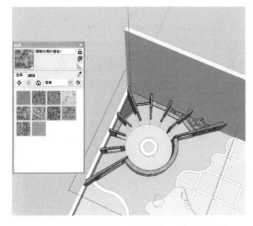

图 6-73　填充弧形墙镶边，坐凳材质

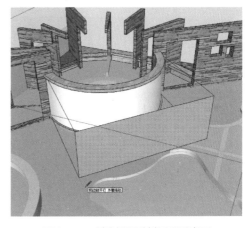

图 6-74　绘制弧形墙矩形垂直面

（17）执行【文件】菜单栏中【导入】命令，以"用作图像"模式，导入弧形石雕墙面材质图片，如图6-75所示。

（18）以平行面角点为基点，拖出材质图片大小，如图6-76所示。

（19）键入"S"键，将图片材质缩放至与弧形面刚好一致，删除平行面，再炸开图片，键入"B"键，按住"Alt"键吸取图片的材质，填充墙面，如图6-77所示。

（20）删除辅助线与图片，完成弧形墙面材质铺贴，如图6-78所示。

（21）选择"蓝黑色花岗岩石"材质，填充铺装分割线的材质，如图6-79所示。

（22）选择"1英寸碎石地被层"材质，填充水体侧面与底面的材质，如图6-80所示。

图6-75 导入石雕墙面材质图片

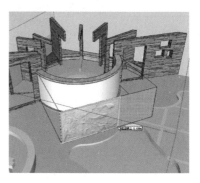

图6-76 拖移出导入图片大小

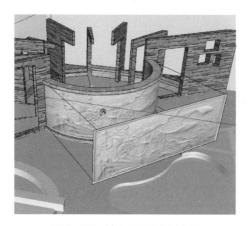

图6-77 填充弧形墙面材质

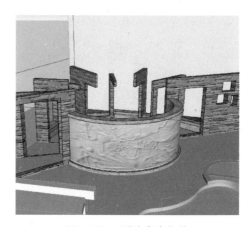

图6-78 删除多余物体

图6-79 填充铺装分割线条材质

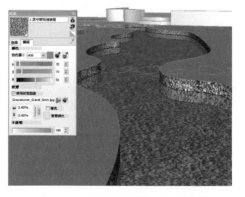

图6-80 填充水体侧、底面材质

（23）打开廊架群组，选择"天空影像半透明反光玻璃"材质与"深色地板木质纹"材质，填充廊架玻璃面与廊架木纹材质，如图6-81所示。

（24）选择"原色樱桃木质纹"材质以及"彩色半透明玻璃"材质，填充亭子结构与玻璃顶面的材质，如图6-82所示。

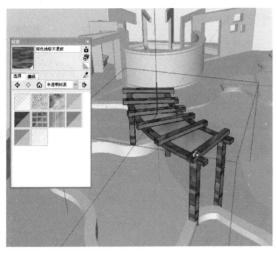

图6-81　填充廊架材质

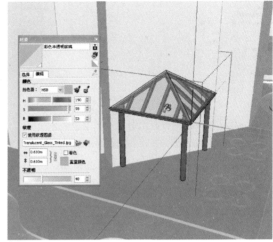

图6-82　填充三角亭材质

（25）在选择一层花坛的外侧边线与异形小品构筑墙面交接处，键入【圆弧】工具快捷键"A"，绘制一个弧形面作为需要跟随的面。选择外侧边线为路径，点击【路径跟随】工具图标，路径跟随出弧形面，如图6-83所示。

（26）键入"E"键，按住"Ctrl"键柔化外侧边线，并选择"白色灰泥覆层"材质填充一级花坛的弧面，选择"抛光砖"材质填充一级花坛边的下侧面与内侧面和二级花坛边，如图6-84所示。

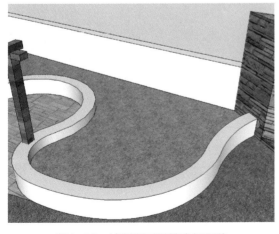

图6-83　绘制弧形面并路径跟随

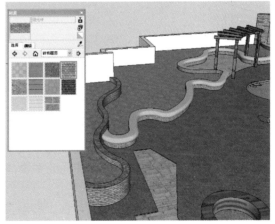

图6-84　填充一、二级花坛边材质

（27）选择石块水池跌水台阶面，键入"M"以及"Ctrl"键，向上偏移复制到与水池内水面持平，并选择"闪光的水域"填充水面，如图6-85所示。

（28）删除多余线条后，在水池跌水口两侧绘制拦截水体的墙面，并推起相高度，如图6-86所示。

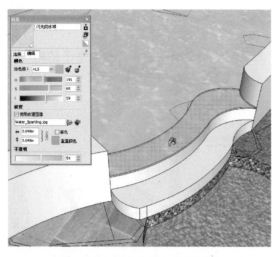

图6-85　填充台阶上水面材质

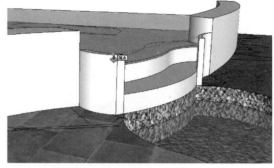

图6-86　绘制挡水墙

（29）分别在两侧挡水墙面上绘制水流曲线，并使用【移动】工具将台阶转角曲线复制移动到与两侧水流曲线相交，如图6-87所示。

（30）选择水流的几条边线，点击【等高线生成地形】工具图标，生成如图6-88所示跌水曲面。

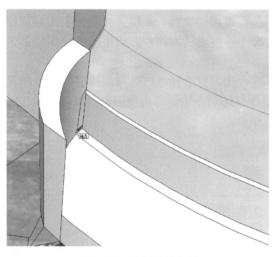

图6-87　绘制水流曲线

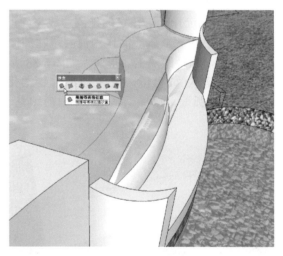

图6-88　生成曲面

（31）打开曲面群组，执行【视图】菜单栏中【隐藏几何图形】命令，显示曲面上隐藏的线条，并键入"E"键，删除曲面的多余部分。再关闭虚隐线显示，同时按住"Shift"键，隐藏水体边线，如图6-89所示。

（32）选择下一阶跌水平面，向上移动复制，并填充"闪光的水域"材质。再使用【铅笔】工具，绘制两个矩形面，同时使用【旋转】工具，旋转矩形面使其成为较为自然的水体跌流的角度，如图6-90所示。

（33）在矩形面与底部水面上绘制水体流动曲线，并选择水流曲线与边线，再次点击【等高线生成地形】工具图标，生成下一阶的跌水曲面，如图6-91所示。

（34）将水体边线隐藏，并再次填充"闪光的水域"材质，完成跌水的绘制，如图6-92所示。

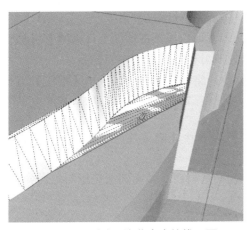

图6-89　删除、隐藏多余的线、面

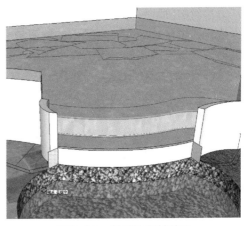

图6-90　绘制矩形辅助面

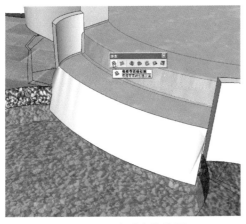

图6-91　生成水体曲面

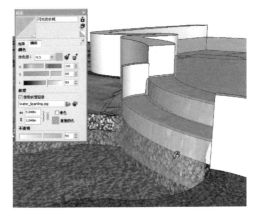

图6-92　填充水体材质

（35）打开儿童游乐区中心的组件，键入"L"键，补全中心圆形的面，并删除多余线条，再键入"M"，选择圆形面向上移动，如图6-93所示。

（36）选择组件内除圆形面的面域以外线条，再次使用【等高线生成地形】工具图标，生成坡体的曲面，并将所有线条复制，打开曲面群组后，执行【编辑】菜单栏中【原位粘贴】命令，原位粘贴至曲面上，如图6-94所示。

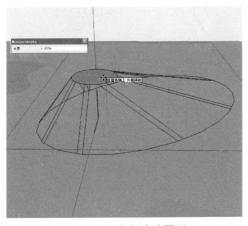

图6-93　向上移动圆形

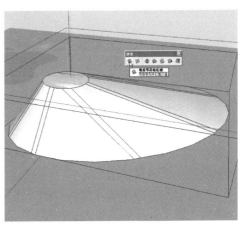

图6-94　移动斜梁边线

（37）打开曲面群组，执行【视图】菜单栏中【隐藏几何图形】命令，打开虚隐线显示，使用填充儿童区地面的各种颜色的材质填充曲面。若发现斜线不在曲面上，则填充的材质将会溢出需要填充的范围，因此需要键入"L"键，绘制分割线，如图6-95所示。

（38）绘制完分割线后，点【挤压】工具图标 ，将半径调小，以减小【挤压】工具影响的范围，再点击虚线与两条直线的角度，并向上拖移，使其更为平滑。最后删除多余的线条，如图6-96所示。

（39）将整个曲面填充完毕后，执行【视图】菜单栏中【隐藏几何体】命令，关闭虚隐线显示，如图6-97所示。

（40）选择"深色地板木质纹"材质与"深色粗砖"材质，填充圆形花坛与地面分割线，如图6-98所示。

（41）完成模型基本物体的材质填充后，如图6-99所示。

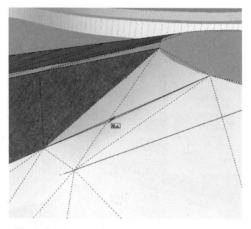

图6-95　在曲面上绘制分割线

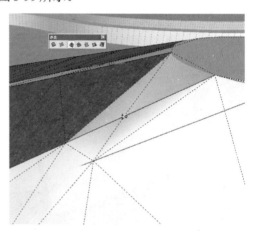

图6-96　调整分割线角度

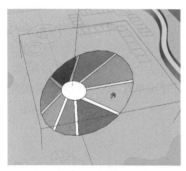

图6-97　关闭虚隐线显示

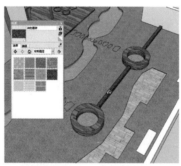

图6-98　填充圆形花坛与地面分割线

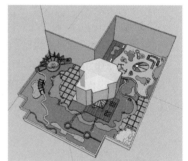

图6-99　完成模型材质填充

6.1.5　添加构筑物

基本完成模型中物体的材质铺贴后，即可开始为模型添加植物、石头、人等物体，来丰富整个模型，使其灵动起来。

（1）首先为水池添加并摆放石块，注意石块摆放方向不应过于一致，有大有小，有远有近，随机布置使其看起来更为自然真实，如图6-100所示。

（2）为水体旁的石块点缀水体，如图6-101所示。

图6-100　摆放石块水池

图6-101　摆放河边石块

（3）添加方块石头汀步，完成添加后，删除保留的石块水池定位群组，如图6-102所示。

（4）选择木平台上草坪的边线，键入"M"以及"Ctrl"键，将其向上移动复制出第二层等高线边线，如图6-103所示。

（5）键入"L"键，将复制的线条封面，再键入"F"键，向内偏移复制出一个小的山体的等高线，如图6-104所示。

（6）删除外部边线和多余的面后，重复上一步操作，并键入"A"键，在第三层等高线面上绘制第四层等高线的轮廓，如图6-105所示。

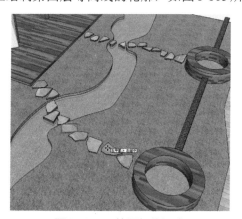

图6-102　放置石块汀步

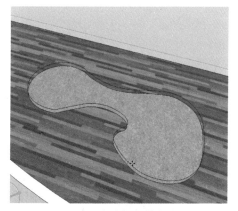

图6-103　移动复制等高线边线

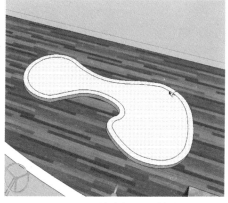

图6-104　偏移复制出等高线

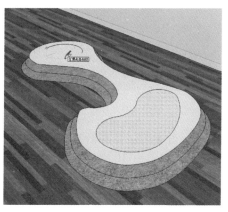

图6-105　绘制等高线

（7）将上一步绘制的等高线向上移动复制，并删除多余的面，多次重复后，完成所有等高线的绘制。再选择所有等高线，点击【等高线生成地形】工具图标 ，生成坡地群组，如图6-106所示。

（8）执行【视图】菜单栏中【隐藏几何图形】命令，打开虚隐线显示，并键入"E"键，删除多余线、面，如图6-107所示。

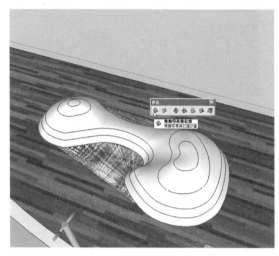

图6-106　生成坡地群组

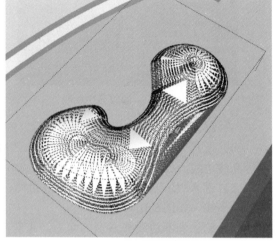

图6-107　删除多余线、面

（9）键入"B"键，为小山坡填充"草皮地被1"材质，如图6-108所示。

（10）导入儿童娱乐区的活动器械以及滑滑梯物品组件，并将其放置在模型中，同时选择在中央的彩色坡体群组，键入"M"键，将其移动至一角，并调整其方向，如图6-109所示。

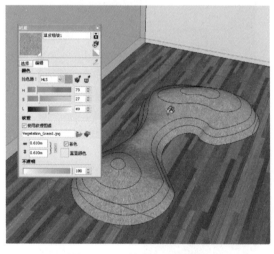

图6-108　填充小山坡材质

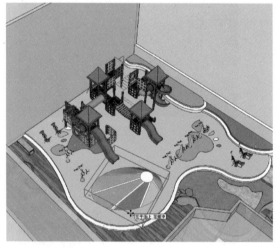

图6-109　布置儿童游乐区

（11）点击【图层管理器】图标 ，取消"植物"图层的隐藏，再将其移动到与二级花池高度相同，如图6-110所示。

提示：观察如图6-110所示中，图层比原来多了两个，这两个是随导入组件或群组而带入的图层，也就是说，未打开组件或群组时，选择组件或群组，观察【模型信息】面板中的图层信息显示为当前图层（layer 0），而打开导入的组件或群组后，选择组件或群组中物体，观察【模型信息】面板中的图层信息，则可能显示属于这两个新增图层其中之一。

（12）将"植物"图层选为当前图层，并选择合适的植物组件、人物组件、灯具组件等模型组件导入此屋顶花园的模型中，如图6-111所示。

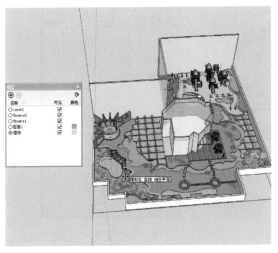

图6-110　打开并移动植物群组

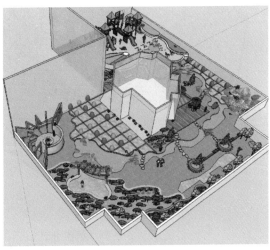

图6-111　导入各类组件

（13）选择部分铺装广场上阵列的"椭圆树"植物组件，执行右键菜单栏中【设定为自定项】命令，如图6-112所示。

（14）打开一棵椭圆树组件，使用【缩放】、【移动】工具将其大小调整，并键入"B"键，选择浅绿色材质，填充树木叶子部分的颜色，如图6-113所示。

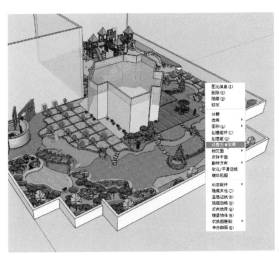

图6-112　孤立植物组件

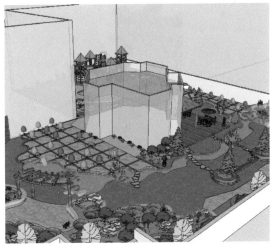

图6-113　调整树的大小和材质

（15）调整整个图形的颜色和模型中导入物体的细节，注意导入的植物应当适当调整其大小、方向和材质颜色，使得植物层次显得更为丰富，并且由于这个花园是在屋顶之上，尤其要注意称重问题，乔木应当尽量少种，多选择配置灌木，以丰富的花草打造更为完善的效果，如图6-114所示。

（16）执行【窗口】菜单栏中【样式】命令，调整"编辑"面板中背景和天空材质的颜色，如图6-115所示。

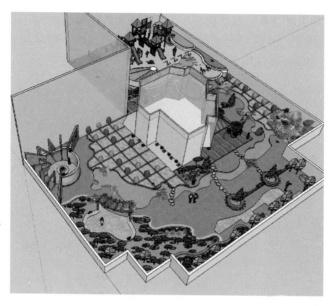

图6-114　调整细节

图6-115　调整天空与背景的颜色

（17）完成模型绘制后，点击图标 ⚙ 打开【阴影设置】面板，开启【使用太阳制造阴影】命令。图6-116～图6-120，分别为模型的局部效果图。

图6-116　小品构筑物局部效果图

图6-117　廊架局部效果图

图6-118　水体局部效果图

图6-119　跌水池局部效果图

图6-120　儿童游乐区局部效果图

（18）点击【显示/隐藏阴影】工具图标，开启阴影显示，调整阴影的时间，并旋转到鸟瞰效果，最终完成屋顶花园绘制，如图6-121所示。

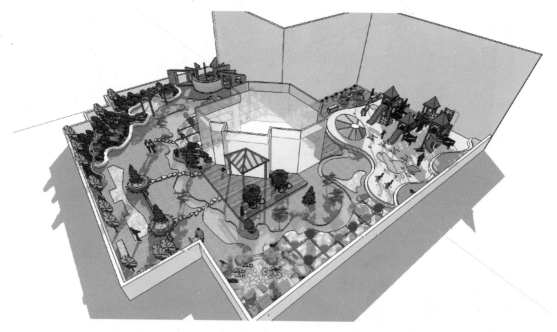

图6-121　鸟瞰效果

6.2　绘制小区中心绿地景观

　　小区中心组团绿地是一个居住小区人们的活动中心，强调休息、娱乐以及互动的功能。本节中将以一个自然式布局的以活跃的流水为主题的中心绿地场所（图6-122）为例。图6-123为建模使用的CAD原底图，上有详细的植物配置，可以作为摆放植物的参考标准。当然，如果只是为了通过建模而制作效果图，那就可以对CAD中植物位置进行调整，以创建更为良好景观效果。

图6-122　中心绿地效果图

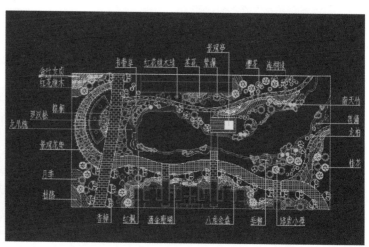

图6-123　CAD原底图

6.2.1　导入CAD图

首先应当仔细观察如图6-123所示CAD图纸，可以发现模型中需要导出的物体有：道路、园路、建筑、廊架、亭子以及植物这几大类，可以在清理CAD图形后，分构筑物与植物两次导入SketchUp，也可以一次导入。这里以两次导入为例。

（1）选择道路、园路、建筑、地被分界线、水体图层后，复制到一个新的CAD文档中，并键入"X"分解线条，将各图层上的物体转移到"0"图层中，再键入"PU"，全部清理模型中多余物体，并保存为底图，如图6-124所示。

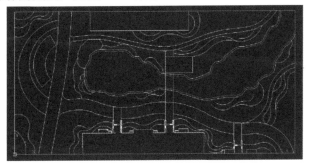

图6-124　整理导入的底图

（2）选择植物、亭子、花架、园桥、水池以及边框，复制到一个新的文档中。其中花架、亭子以及植物都是块的形式。分别打开花架和亭子的块，并在编辑块面板中全选所有物体后，键入"X"，将其分解，如图6-125所示为分解花架线条。

提示：在CAD中使用分解命令，是为了让CAD中的线条变成线段模式，使其更加紧密地结合在一起，避免导入SketchUp后出现过多的重线、断线以及线未相交现象。

（3）键入"X"分解块以外的物体，即水池以及地被分界线和桥梁的全部线条。将文件中所有植物块放入植物图层，而将其他的园建设施一并放入"0"图层，再键入"PU"清理图形后，保存为另一份CAD导入文件，如图6-126所示。

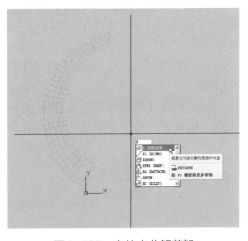

图6-125　在块内分解花架

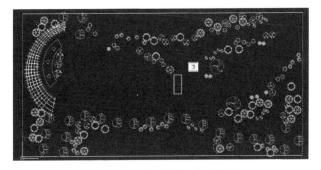

图6-126　整理导入的植被图

（4）打开SketchUp，并将其两个CAD文件依次导入模型中，导入的单位为毫米，如图6-127所示。

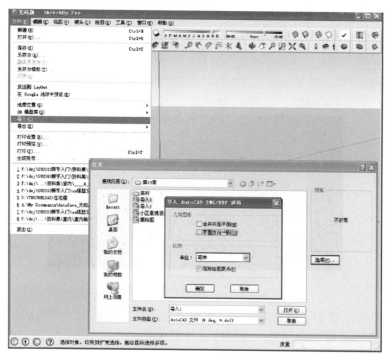

图6-127　导入CAD文件

（5）完成导入后，键入【移动】工具快捷键"M"，将两个导入的平面图对齐，如图6-128所示。

（6）点击【图层管理器】工具图标，打开图层面板后可以发现，图层仅有两个，一个为"layer0"，另一个则是从CAD文件中保留的植物图层，如图6-129所示。

图6-128　移动对齐导入图形

图6-129　当前图层信息

6.2.2 制作地形与地基

（1）选择中央水池内侧边线后，键入"M"以及"↓"键，将其束缚在蓝轴上往下移动1米，选择水池外侧边线，键入"M"再键入"Ctrl"以及"↓"键往下复制移动0.5米，如图6-130所示。

（2）键入【圆弧】工具快捷键"A"，将水池与地被交接处的接口补上，同时删除多余的线条，如图6-131所示。

图6-130　制作水池地形边线

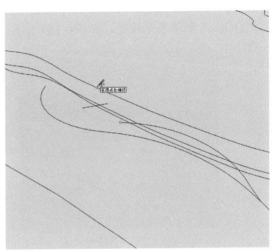

图6-131　修补图形

（3）键入【铅笔】工具快捷键"L"，重新绘制多余的线头，使得两条相邻线相交，并键入【橡皮擦】工具快捷键，将多余线条删除，如图6-132所示。

（4）选择模型中已有并且段数明显过少不圆滑的圆弧线条，点击右键，打开【图元信息】面板，将段数增加，使得线条更为圆滑，如图6-133所示。

图6-132　打断多余线并将其删除

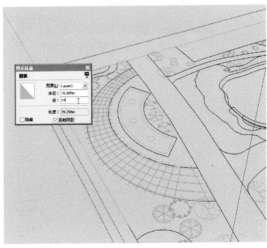

图6-133　更改圆弧段数

（5）接下来使用【铅笔】和【橡皮擦】等工具，一一为在一个平面上的面进行修补，如图6-134所示。

（6）补面应当注意所有闭合线条都应当围合成单独的面，不能出现在两个或多个封闭线框内，只出现一个面域。完成补面后，如图6-135所示。

（7）选择最底部的水池边线，键入"M"以及"Ctrl"键，向下0.5米移动复制一个副本，如图6-136所示。

（8）键入【偏移复制】快捷键"F"，将边线向内偏移复制，如图6-137所示。

（9）键入"E"删除外侧边线一角，如图6-138所示。

（10）键入"空格"后三击选择池底轮廓，再按住"Shift"键，双击减选中间面后，键入"Delete"删除多余线条，如图6-139所示。

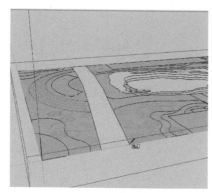
图6-134　为模型补面

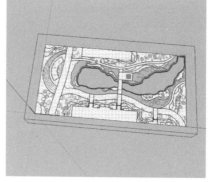
图6-135　完成补面

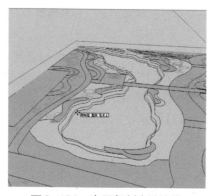
图6-136　向下复制水池边线

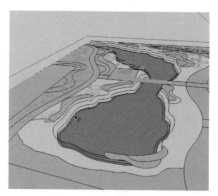
图6-137　偏移复制水池底边线

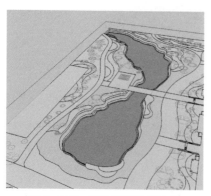
图6-138　擦除打断外部边线

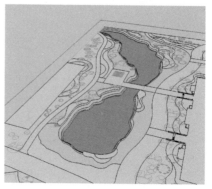
图6-139　选择并删除外侧边线

（11）删除池底的面，完成池底边线绘制后，有三条轮廓边线在不同的高度上，如图 6-140 所示。

（12）选择池底边线以及道路与水池交界边线作为等高线，单击【按等高线生成曲面】工具图标 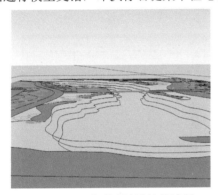，创建一个曲面，如图 6-141 所示。

（13）生成面结束后，如图 6-142 所示，出现一个曲面群组。

（14）执行【视图】菜单栏中【隐藏几何图形】命令，再键入"E"，删除曲面的多余部分，如图 6-143 所示。

（15）将西侧道路与水池相交处的平面向下推，使该平面与水池坡面相交，如图 6-144 所示。

（16）键入"E"键，按住"Ctrl"键柔化推出物体侧面上的边线，在选择整个侧面以及水池曲面进行模型交错，即执行右键菜单栏【相交面】中【与选项】命令，如图 6-145 所示。

图6-140　完成水池壁边线绘制

图6-141　选择水池部分等高线并生成面

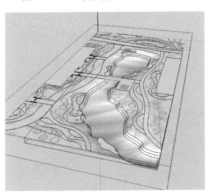

图6-142　生成面

图6-143　删除曲面多余部分

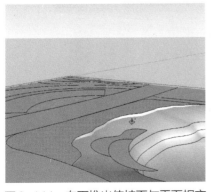

图6-144　向下推出使坡面与平面相交

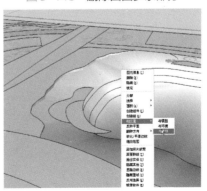

图6-145　模型交错

（17）完成模型交错后，键入"E"键，保留交错后留下的线条，并删除推出的面与边线，如图6-146所示。

（18）选择交错后留下的线条，键入"Ctrl"+"X"剪切后，打开水池曲面群组，执行【编辑】菜单栏中【原位粘贴】命令，如图6-147所示。

（19）键入"L"键，通过分别连接两条中间的水池边线补全两层水面，如图6-148所示。

（20）先点击【隐藏线】模式图标◯，转换模式以便导入住宅楼。导入第5章中建造的住宅楼模型，并将其放置在图上相应位置，如图6-149所示。

（21）将楼房移动复制到另一侧，并键入【缩放】工具快捷键"S"，选择侧面中心控制点后，键入"–1"将楼房沿红轴镜像，如图6-150所示。

（22）键入"M"键，将两栋住宅楼位置再次精确调整，如图6-151所示。

（23）选择两栋住宅楼，执行右键菜单栏中【隐藏】命令，以便下一步操作更加顺畅，如图6-152所示。

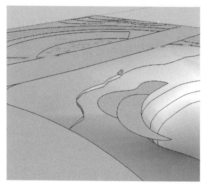

图6-146　删除多余线、面

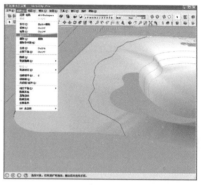

图6-147　将交错线条复制到曲面内

图6-148　补全水面

图6-149　调入住宅楼

图6-150　将住宅楼沿红轴镜像

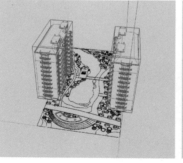

图6-151　对齐住宅楼

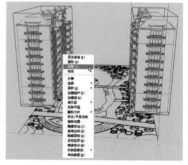

图6-152　隐藏住宅楼

6.2.3　绘制园建设施

通过观察可以发现模型中需要建立的园建设施主要有花架、亭子以及一个水池，其他例如坐凳、石块等园建设施可以通过调入模型库中的模型稍作修改调整，以此来完成模型中园建设施的布置。

（1）首先绘制花架。打开花架组件，键入"Ctrl"+"A"全选花架轮廓，并键入"M"以及"↑"键，再输入"2.5"，将其往上移动2.5米，如图6-153所示。

提示：请注意，从CAD文件中导入的块将直接生成组件，而不是群组。打开由块生成的组件后，直接编辑块内物体，能够修改模型中所有相同块生成组件。使用这个特性能够快速地在场景中编辑修改同一元素，因此在导出CAD时，应当注意适当的保留块。

（2）观察花架，可以发现，该花架是由一层横梁、一层弧形梁为廊架顶部构造。选择花架组件，键入"M"与"Ctrl"，向上移动复制一个副本，并执行右键菜单栏中【设定为自定项】命令，如图6-154所示。

（3）打开复制的花架组件，键入"E"键，删除弧形梁，如图6-155所示。

（4）删除弧形梁后，将面上多余的线条一并删除，仅保留横梁轮廓，如图6-156所示。

图6-153　移动花架位置

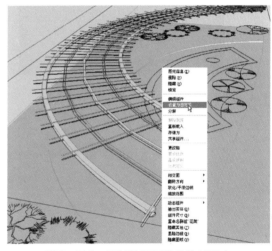

图6-154　复制花架组件并将其独立

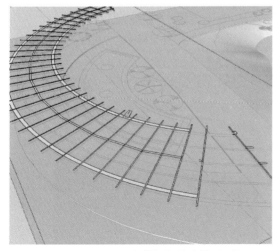

图6-155　删除一个花架组件中的弧形梁

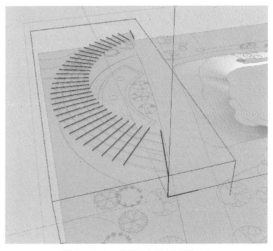

图6-156　保留完整横梁轮廓

（5）键入"P"，将横梁向下推出0.25米，如图6-157所示。

（6）完成所有横梁推出操作后，退出并选择该组件，再执行右键菜单栏中【软化/平滑边线】命令，柔化边线，如图6-158所示。

（7）打开花架组件，键入"E"删除所有横梁，以及在弧形梁上的共面线，如图6-159所示。

（8）键入"L"键，将花架两端的立柱处的缺面补全，如图6-160所示。

（9）键入【圆】工具快捷键"C"，重新绘制立柱的圆形轮廓，并删除多余线条，如图6-161所示。

（10）键入"L"以及"↑"键，绘制中间三条弧形钢管梁的矩形垂直面，如图6-162所示。

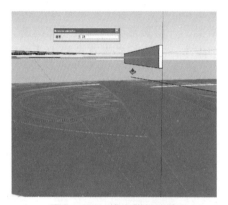

图6-157 推出横梁高度

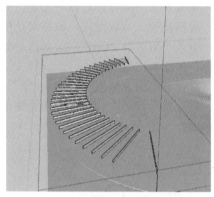

图6-158 推出所有横梁厚度

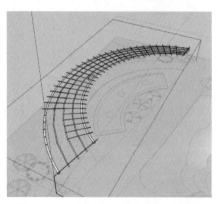

图6-159 删除另一花架组件中横梁

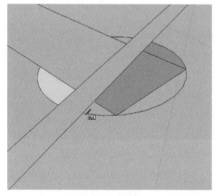

图6-160 补全横梁上立柱面

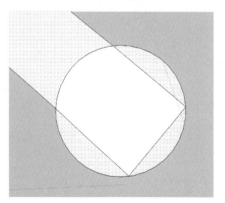

图6-161 完成横梁上立柱面绘制

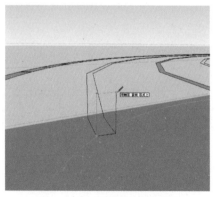

图6-162 绘制矩形辅助面

（11）键入"C"键，在垂直辅助面上绘制钢管的截面，如图6-163所示。

（12）分别选择中心三条弧形梁边线为路径，点击【路径跟随】工具图标 🌀，再点击相应的圆形截面，路径跟随完成弧形钢管梁的绘制，如图6-164所示。

（13）选择中间三条弧形钢管梁，执行右键菜单栏中【创建组】命令，如图6-165所示。

（14）键入"R"，在水平面上绘制一个包含廊架轮廓的矩形，并键入"M"键，将其移动到弧形梁所在的高度，使得弧形梁紧贴在矩形面上，如图6-166所示。

（15）键入空格键后，三击全选矩形面与外侧的两条弧形梁，再键入"M"以及"Ctrl"键，向上复制移动，如图6-167所示。

（16）键入"P"以及"Ctrl"键，将矩形面复制推出到另一个副本上，如图6-168所示。

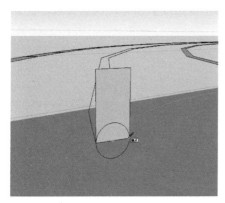

图6-163　绘制圆形截面

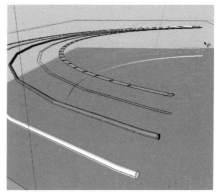

图6-164　路径跟随完成弧线钢管梁绘制

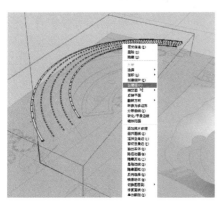

图6-165　创建弧形钢管梁群组

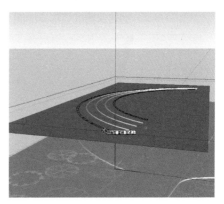

图6-166　绘制并移动矩形面

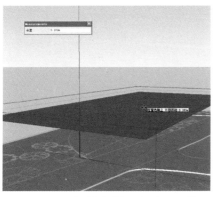

图6-167　复制移动矩形面与弧形梁

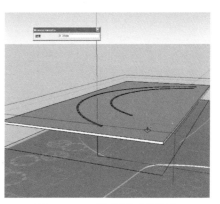

图6-168　推出矩形面厚度

（17）删除外部矩形面的边线与面，再执行右键菜单栏中【反转平面】命令，翻转已经推出相应体积的弧形梁的面，使其正面朝外，如图6-169所示。

（18）退出该花架组件，执行【编辑】菜单栏【取消隐藏】中的【最后】命令，打开另一个花架群组，如图6-170所示。

（19）键入"C"重新绘制立柱轮廓，如图6-171所示。

（20）选择立柱轮廓面，执行右键菜单栏中【创建组】命令，创建立柱群组，如图6-172所示。

（21）打开立柱群组，键入"P"键，推出立柱轮廓面到地面，并将顶面翻转至正面，如图6-173所示。

（22）全选立柱后，执行右键菜单栏中【软化/平滑边线】命令，调整参数，使立柱面变光滑，如图6-174所示。

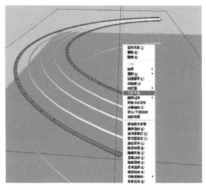

图6-169　翻转保留的弧形梁的面

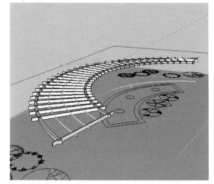

图6-170　取消上一次隐藏花架

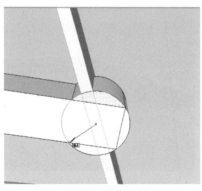

图6-171　绘制立柱面

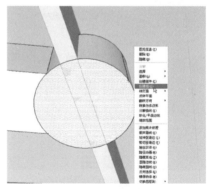

图6-172　创建立柱群组

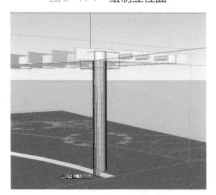

图6-173　推出立柱高度

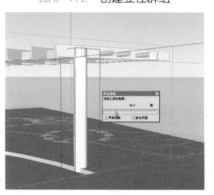

图6-174　柔化边线

（23）打开花架中弧形梁组件，键入"P"键，将其与立柱交接处的弧形面推除，并删除多余线、面，如图6-175所示。

（24）接下来复制其他支撑立柱。首先，在花架群组中，键入"A"重新绘制底图中花架路面外侧弧线，再键入"L"键，配合方向键功能，绘制一个辅助平面，如图6-176所示。

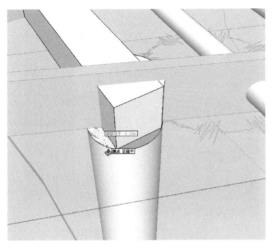

图6-175　绘制花架细节部分

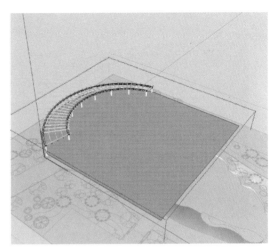

图6-176　绘制辅助面

提示：由于花架是弧形的，因此其支撑立柱必定也是分布在弧形边线上，因此需要找到弧线的中心，便于旋转复制。

（25）键入"L"键，连接平面弧线端点与弧线的中心点，键入【旋转】工具快捷键"Q"，将这条线旋转复制到花架端头以及绘制的两个立柱处，再删除连接平面弧线与其中心的线，如图6-177所示。

提示：捕捉一条弧线或一个圆形的中心点时，若不能够及时出现需要的圆心点，则应当在激活【铅笔】、【圆】、【旋转】等绘图或辅助工具时，先在需要捕捉中心的弧线或圆的边线上停留数秒后，即可捕捉到需要的圆心点。

（26）选择立柱，键入"Q"键，以上一步绘制的两条线为旋转的夹角，再键入"/8"，复制八个副本，最后再删除多复制的一个立柱，如图6-178所示。

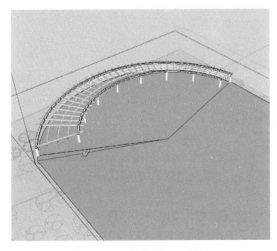

图6-177　绘制垂心辅助线

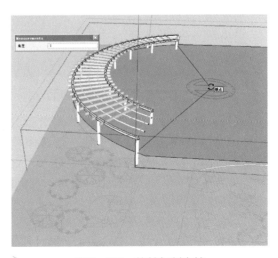

图6-178　旋转复制立柱

（27）以同样方法，复制内侧的立柱，然后删除辅助面与辅助线。再选择所有中心的立柱，键入"S"，调整所有立柱的高度，如图6-179所示。

（28）选择绘制完成各个花架构建群组、组件，执行右键菜单栏中【创建组】命令，创建花架群组，如图6-180所示。

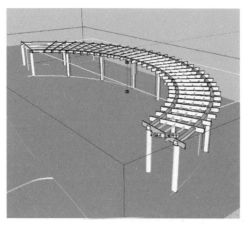
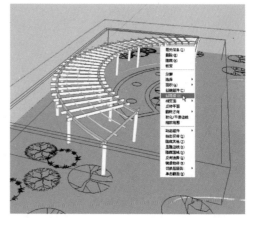

图6-179　调整所有立柱高度　　　　图6-180　创建花架群组

（29）接下来绘制园建亭子。打开亭子组件，选择亭子轮廓面，键入"M"将其往上移动，并在地面绘制最外侧轮廓矩形，并将其推出一定厚度，如图6-181所示。

（30）键入"F"键，参考顶部轮廓，偏移复制出亭子顶最外侧木条的宽度，如图6-182所示。

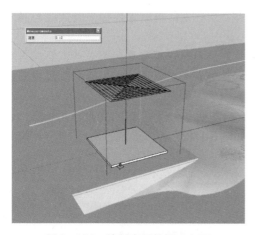
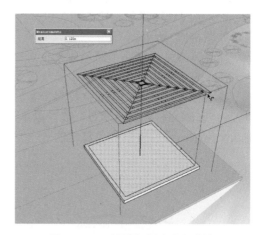

图6-181　绘制亭子外侧木条面　　　　图6-182　偏移复制出木条宽度

（31）键入"P"键，推除中心多余面，如图6-183所示。

（32）由于木条的宽度一致，则选择最外侧木条，向上移动复制0.1米，再依次选择每边的两个面，参考顶部轮廓线条，键入"M"键，沿相应的垂直方向（红轴、绿轴方向）移动，如图6-184所示，选择第三层木条左侧两个竖直面，并沿绿轴移动到顶部轮廓第三层木条所对应的宽度。

（33）完成所有木条以及宝顶的绘制后，将其创建成群组，如图6-185所示。

（34）绘制屋脊线，键入"L"键，连接亭子最顶部木条的下角点与相应方向最外侧木条的内角，如图6-186所示。

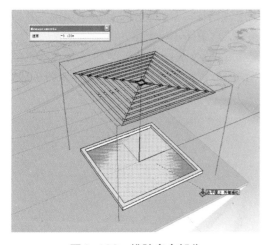

图6-183　推除多余部分

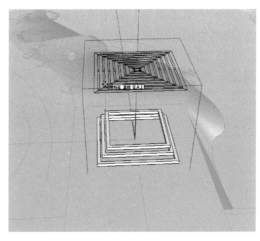

图6-184　复制并移动调整木条宽度

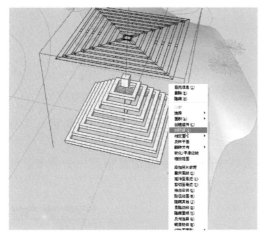

图6-185　创建亭子顶群组

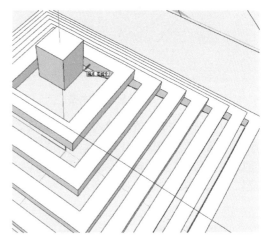

图6-186　绘制屋脊线

（35）键入"R"键，在最外侧木条底部内角点，绘制一个矩形，如图6-187所示。

（36）以屋脊线为路径，以矩形面为需要跟随的面，使用【路径跟随】工具完成屋脊线的绘制，如图6-188所示。

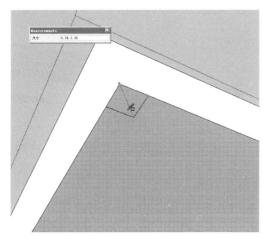

图6-187　绘制矩形截面

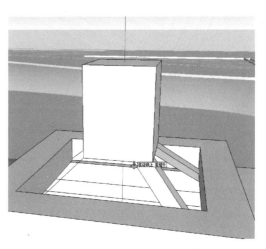

图6-188　路径跟随完成并完善屋脊

（37）使用【铅笔】和【推拉】工具，依据顶部轮廓线，绘制出侧面支撑木条，并键入"P"，将屋脊顶部面推到宝顶内，以保证屋脊完整性，如图6-189所示。

（38）选择支撑木条，键入"M"键，向下移动到顶线刚好与最近的顶部轮廓木条的底面相接，再选择支撑木条外侧矩形面，再次键入"M"键，将该面向下移动到如图6-190所示位置。

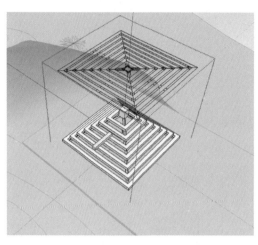

图6-189 绘制支撑木条

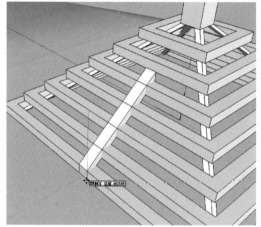

图6-190 移动木条将其变形

（39）选择支撑木条，键入"Q"以及"Ctrl"键，将其旋转复制90度后，再键入"3x"，复制三个副本，如图6-191所示。

（40）打开亭子顶群组，选择第三条以及第五条木条，向下移动复制到与支撑木条侧面相交，作为横梁，如图6-192所示。

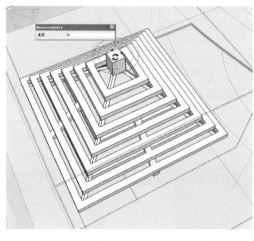

图6-191 选择、复制支撑木条

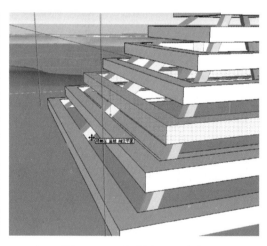

图6-192 复制亭子顶木条

（41）将已经完成绘制的亭子构件向上移动。再于复制的下侧横梁上绘制亭子基柱的面，如图6-193所示。

（42）键入"P"，将基柱推出，如图6-194所示。

（43）键入"Q"以及"Ctrl"将基柱旋转复制到另外三个角，如图6-195所示。

（44）使用【铅笔】工具，绘制亭子底基面，并键入"P"，推出亭子基座高度，如图6-196所示。

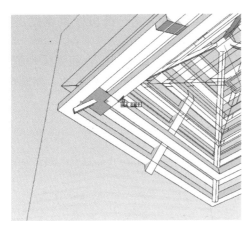

图6-193 绘制基柱面

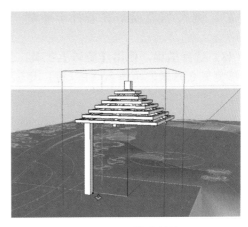

图6-194 推出基柱

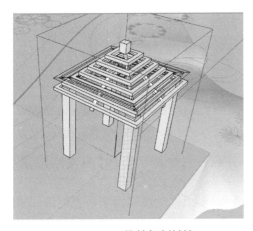

图6-195 旋转复制基柱

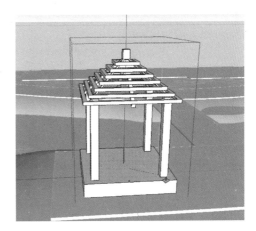

图6-196 绘制基柱面

（45）键入"F"，将基座顶面边线偏移复制到基柱外侧边线上，并依据基柱位置，在亭子四个侧面上分别绘制两条边线，将靠近桥与楼房两个面的其中一条边线等分三段，即选择边线后，执行右键菜单栏中【拆分】命令，并移动鼠标到分成三段的情况，如图6-197所示。

（46）依据边线的等分点，绘制两条水平的楼体分割线，并将其推出相应的台阶长度，如图6-198所示。

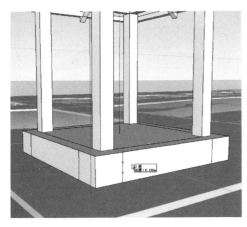

图6-197 将一条边线等分

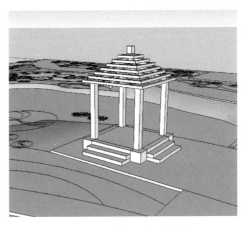

图6-198 推出台阶长度

（47）键入"L"键，在基柱上绘制一个横梁，键入"P"键，推出横梁宽度，如图6-199所示。

（48）选择横梁，使用【旋转】工具，旋转复制三个副本。键入"F"，将横梁外侧面向内偏移复制0.05米，再键入"P"键，将偏移复制后中间的面向内推出0.02米，如图6-200所示。

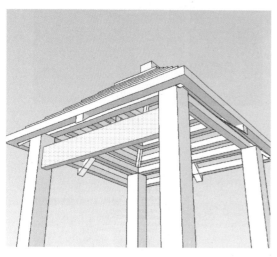

图6-199 绘制横梁

图6-200 绘制横梁装饰

（49）接下来绘制小桥。选择桥体轮廓面，并执行右键菜单栏中【创建组】，再键入"A"，绘制桥的弧度，如图6-201所示。

（50）键入"M"以及"Ctrl"键，再键入"↑"，向上移动复制两条桥弧度线。再键入"L"，连接三条弧线的两端使其成面，如图6-202所示。

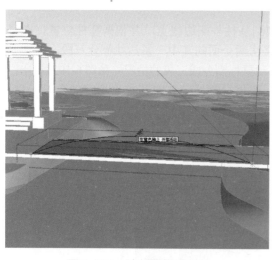
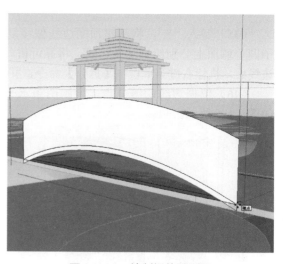

图6-201 绘制桥体弧度线

图6-202 绘制桥体弧形面

（51）再次选择桥体轮廓平面，并将其创建群组。同时键入"P"，选择下部桥体弧形面，推出桥体桥面宽度，如图6-203所示。

（52）参考桥体轮廓平面群组，使用【铅笔】、【移动】、【橡皮擦】等工具，绘制出桥体栏杆平面，如图6-204所示。

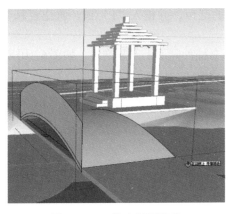

图6-203　推出桥面宽度

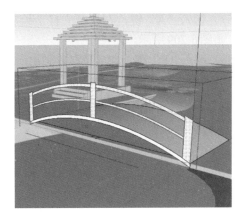

图6-204　绘制桥体栏杆平面

（53）参考桥体轮廓平面群组，推出栏杆立柱厚度，再选择所有栏杆扶手面，键入"M"移动到中点，如图6-205所示。

（54）将多余的扶手面删除，在扶手与栏杆立柱交接处，绘制以两根扶手线条间距离为直径的圆截面，如图6-206所示。

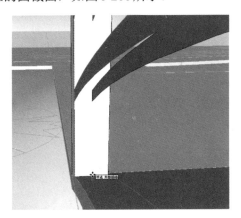

图6-205　移动复制

图6-206　绘制扶手截面圆

（55）一一为四根扶手绘制圆截面，并删除扶手上端线条，如图6-207所示。

（56）选择扶手下端线条为路径，圆截面为需要跟随的面，路径跟随完成制作扶手，如图6-208所示。

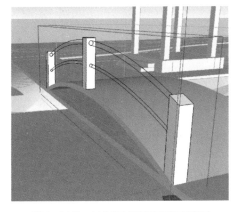

图6-207　绘制四条扶手的圆截面

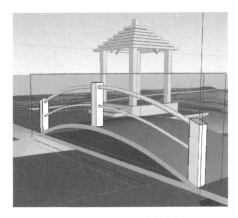

图6-208　路径跟随制作扶手

（57）键入"A"键，在栏杆立柱上绘制立柱的圆角，并键入"P"键，推出栏杆立柱的圆角，如图 6-209 所示。

（58）键入"F"键，向内偏移复制出所有栏杆立柱外侧面上的装饰线，如图 6-210 所示。

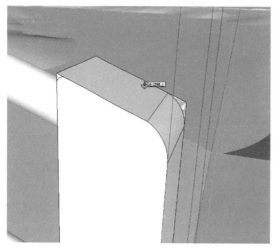

图6-209　推出栏杆立柱圆角

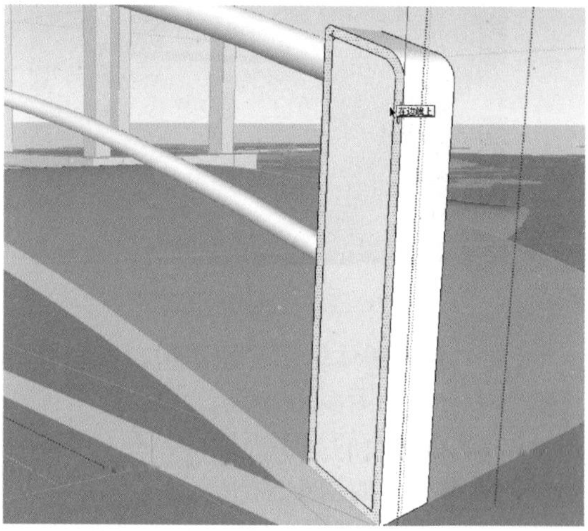

图6-210　绘制桥体栏杆平面

（59）键入"A"将栏杆立柱上的锐角圆角化，并删除多余线条。再键入"C"键，在装饰线上绘制一个平行于地平面圆，如图 6-211 所示。

（60）选择装饰线为路径，圆形面为需要跟随的面，路径跟随完成装饰物绘制，并将其创建为群组，再将该群组从外侧面移动复制到内侧，如图 6-212 所示。

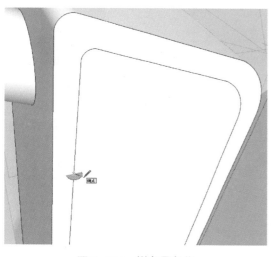
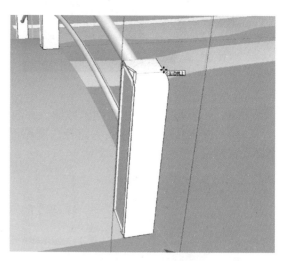

图6-211　锐角圆角化

图6-212　绘制扶手截面圆

（61）选择栏杆扶手所有构件，创建群组，并键入"M"以及"Ctrl"键，将其移动复制到桥体另一侧，如图 6-213 所示。

（62）打开底图群组，选择底图群组中与桥连接的路面的底面，键入"Q"键，将其旋转至与水池壁坡面相接，并将与桥连接不再垂直的面旋转到垂直于地面和桥体，如图 6-214 所示。

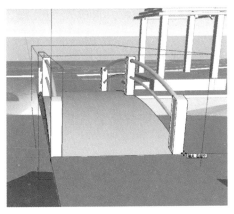

图6-213　复制栏杆扶手群组

图6-214　旋转道路底面至与坡面相交

（63）键入"P"，将与桥相接的垂直面推出一定距离，并键入"E"键，按住"Shift"键隐藏边线交接处的边线，如图6-215所示。

（64）选择坡面以及垂直面，执行右键菜单栏【相交面】中【与选项】命令，交错出模型线条，完成桥体建造，如图6-216所示。

（65）绘制水池。键入"L"键，将水池线框绘制成面，如图6-217所示。

（66）键入"F"键，将水池边线向内偏移复制，并键入"P"键，推出水池边高度，如图6-218所示。

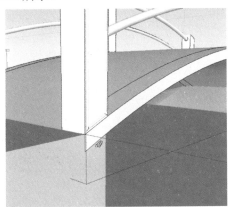

图6-215　隐藏交接处边线

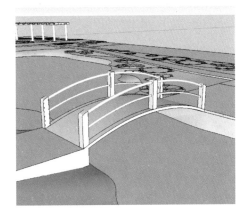

图6-216　模型交错

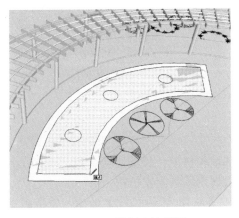

图6-217　绘制水池线框

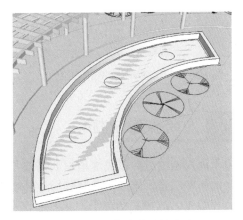

图6-218　推出水池边高度

（67）再次键入"F"键，将水池边线向外偏移复制到原有线框，再键入"P"键，将水池顶面宽边推出，如图6-219所示。

（68）键入"P"与"Ctrl"键，向上复制推出两层水面，如图6-220所示。

（69）将绘制完成的水面创建成群组，并将水池底的三个喷泉轮廓移动到水面，完成水池园建绘制如图6-221所示。

（70）选择花架、亭子、桥体以及水池，创建群组，如图6-222所示。

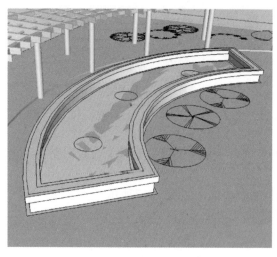

图6-219　推出水池顶面宽边

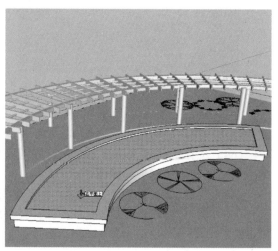

图6-220　推出两层水面

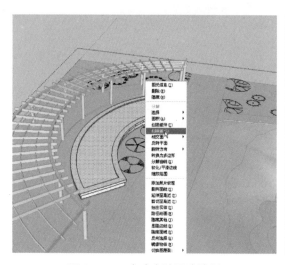

图6-221　完成水池园建绘制

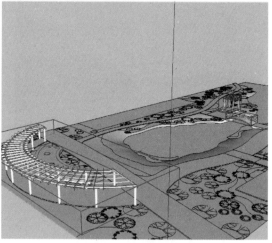

图6-222　创建群组

6.2.4　为场景铺贴材质

由于调入植物组件以及地被材质需要与周围环境相搭配，使其协调一致，因此在制作完此场景的基本园建设施后，先铺贴周边环境材质，再为场景配置植物。

（1）首先，选择底图群组，执行右键菜单栏中【软化/平滑边线】命令，将群组中曲面上的多余线条柔化，如图6-223所示。

提示：不需要勾选【软化共面】选项，否则模型中划分地被的线条将会被柔化删除。

（2）执行【编辑】菜单栏【取消隐藏】中【全部】命令，打开被隐藏的楼梯群组，如图6-224所示。

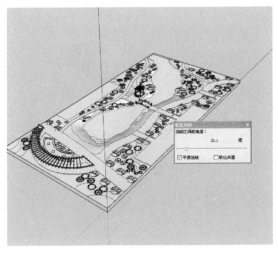

图6-223　柔化底图群组

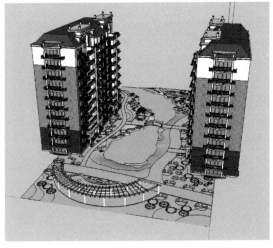

图6-224　取消楼房隐藏

（3）打开模型中水面群组，将水池底与水池坡壁的交界线原位粘贴至水体群组中，并使池底与池壁分成两个面，如图6-225所示。

（4）为水体填充材质。打开水面群组，键入【油漆桶】工具快捷键"B"，打开【材质】窗口菜单栏，选择 "浅水池"材质分别填充两层水面，如图6-226所示。

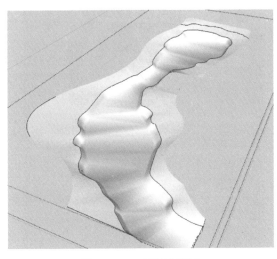

图6-225　复制交界线

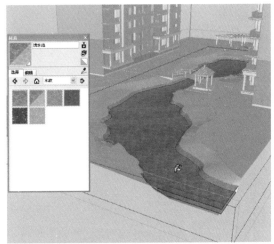

图6-226　填充水面材质

（5）选择两层水面的边线，执行右键菜单栏中【隐藏】命令，将边线隐藏，如图6-227所示。

（6）打开水体群组，选择 "大小不等的碎岩石地被层"材质，填充水池底面，并调整其贴图大小，如图6-228所示。

（7）选择 "草坪植被1"材质，填充水池坡壁，如图6-229所示。

（8）退出水体群组到底图群组内，继续使用 ▨ "草坪植被1"材质，填充其他空白草地，如图6-230所示。

（9）选择 ▨ "砖石"材质，填充建筑物底基层，如图6-231所示。

（10）选择"人行道铺路石"材质，为花架旁石路填充材质，如图6-232所示。

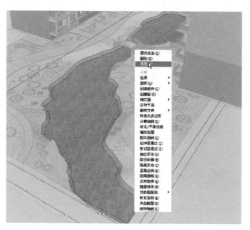

图6-227　隐藏水面边界线

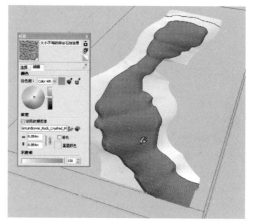

图6-228　填充水池底面材质

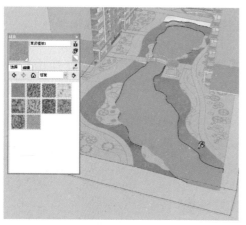

图6-229　填充水池坡壁材质

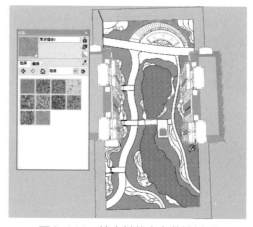

图6-230　填充其他空白草地材质

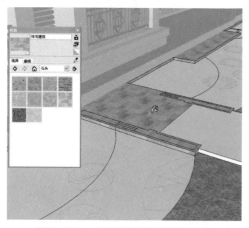

图6-231　填充建筑物底基层材质

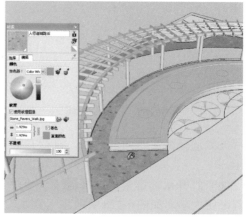

图6-232　填充花架旁石路材质

（11）选择"方石石板"材质，为花架下方道路填充材质，如图6-233所示。

（12）选择花架旁的道路一侧边线，键入"M"以及"Ctrl"键，移动复制出道路边线，如图6-234所示。

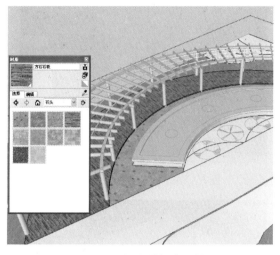

图6-233　填充花架底部材质

图6-234　移动复制出道路边线

（13）选择"方石石板"材质，填充道路两侧路牙石，再选择"8×8灰色石块状混凝土"材质，填充道路中央，并调整材质色彩，如图6-235所示。

（14）选择"黄褐色碎石"材质，填充道路与水池坡壁交界处，如图6-236所示。

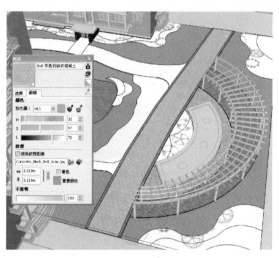

图6-235　填充花架旁道路材质

图6-236　填充沙地材质

（15）在底图群组内，使用【铅笔】、【推拉】等工具，绘制出住宅楼入口门厅，如图6-237所示。

（16）按住"Alt"吸取住宅楼墙体材质为入口门厅墙面填充材质，再选择半透明材质填充大门材质，如图6-238所示。

（17）在入口门厅上，使用【矩形】、【圆弧】、【推拉】等工具，绘制入口门厅的屋顶，如图6-239所示。

（18）使用【矩形】、【铅笔】、【推拉】等工具，在另一个入口处，绘制一栋楼体，并使用移动工具，将顶部创建成斜坡屋顶，如图6-240所示。

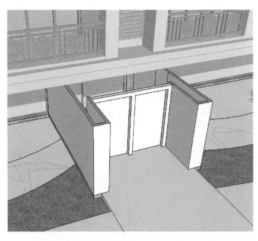

图6-237 绘制入口门厅

图6-238 填充入口门厅材质

图6-239 绘制入口门厅屋顶

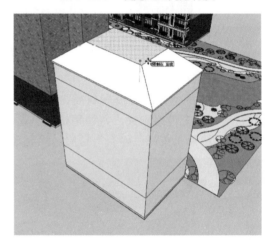

图6-240 绘制小楼体

（19）依据另外已经绘制完成的住宅楼的材质，为绘制好的楼体填充相应的材质，如图6-241所示。

（20）选择已经导入模型中的住宅内的窗台以及阳台，如图6-242所示。

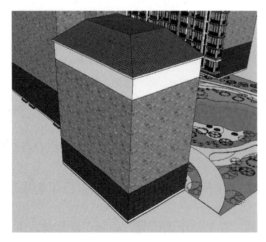

图6-241 填充楼体材质

图6-242 放入阳台、窗台组件

（21）键入"F"键，绘制入口前方的路面路牙石边线，并删除多余的线条部分，如图6-243所示。

（22）选择"多片石灰石瓦片"材质，填充入口路面，如图6-244所示。

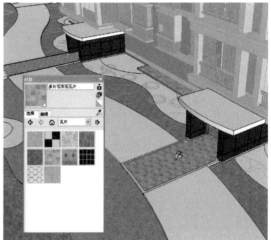

图6-243　偏移复制出路牙石宽度　　　　　　图6-244　填充入口路面材质

（23）选择住宅入口附近的道路边线，键入"M"以及"Ctrl"键，移动复制出道路路牙边线，如图6-245所示。

（24）选择"各种棕褐色瓦片"材质，填充园路，如图6-246所示。

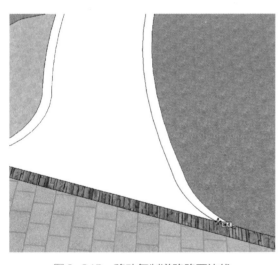

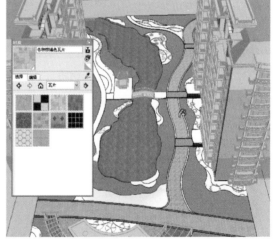

图6-245　移动复制道路路牙边线　　　　　　图6-246　填充园路材质

（25）为亭子所在的平台添加路牙石边线，并为其填充"模块化铺路砖"材质与"抛光砖"材质，并执行右键菜单栏【纹理】中【位置】命令，以调整其材质大小、位置，如图6-247所示。

（26）打开桥体群组，为桥面填充"各种棕褐色瓦片"材质，如图6-248所示。

（27）选择"冷灰色"材质，为道路扶手填充材质，如图6-249所示。

（28）打开亭子群组，选择"浅色地板木质纹"材质，填充亭子面材质，如图6-250所示。

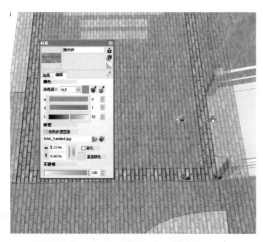

图6-247　填充小平台材质

图6-248　填充桥面材质

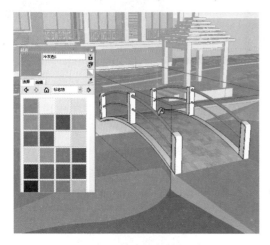

图6-249　填充桥体扶手材质

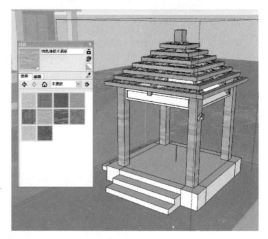

图6-250　填充亭子面材质

（29）使用"白色灰泥覆层"材质以及"各种棕褐色瓦片"材质填充亭子基座，如图6-251所示。

（30）打开小水池群组，为水池边填充"炭黑"材质，如图6-252所示。

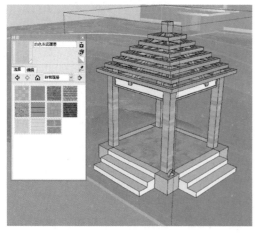

图6-251　填充亭子基座材质

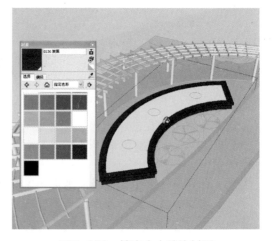

图6-252　填充小水池边材质

（31）选择"浅水池"材质，填充小水池的两层水面，如图6-253所示。

（32）选择"原色樱桃木质纹"材质，填充花架上的横梁，如图6-254所示。

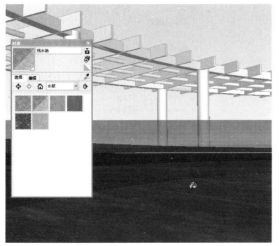

图6-253　填充水面材质

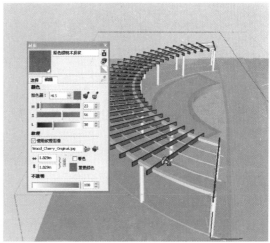

图6-254　填充花架横梁材质

（33）选择"冷灰色"材质，填充中间的三条钢管弧形梁，如图6-255所示。

（34）选择"模糊效果的植被7"材质填充部分地被灌木层的材质，并调整材质大小，如图6-256所示。

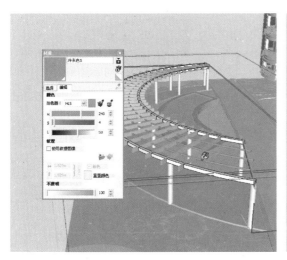

图6-255　填充花架中心弧形梁材质

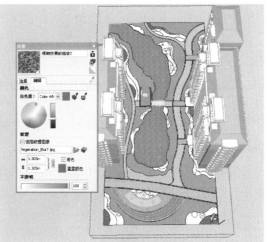

图6-256　填充地被材质一

（35）选择"模糊效果的植被5"材质填充部分地被灌木层的材质，并调节材质大小，如图6-257所示。

（36）选择"模糊效果的植被5"材质后，点击新建材质图标，将拾色器改为"HLS"色系，调整材质颜色至黄色、同时更改大小，如图6-258所示。

（37）选择刚刚创建的材质，并填充部分地被灌木层的材质，如图6-259所示。

（38）再次新建一个红色材质，填充部分地被灌木层的材质，如图6-260所示。

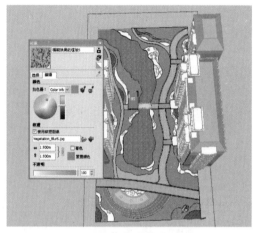

图6-257　填充地被材质二

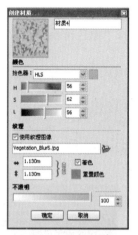

图6-258　创建地被新材质

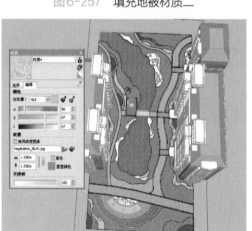

图6-259　填充地被材质三

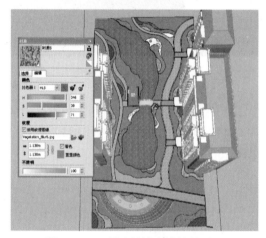

图6-260　创建并填充地被材质四

（39）选择"常春藤属植被"材质，填充剩下其余部分地被灌木层的材质，如图6-261所示。

（40）键入"P"键，将地被灌木层推起相应高度，在推起时应当注意，每一层如图6-262所示。

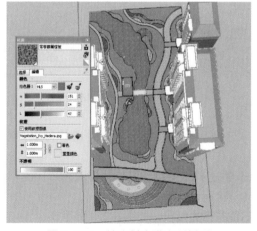

图6-261　填充其余灌木层材质

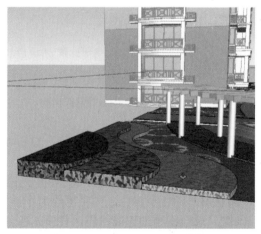

图6-262　推出地被灌木层高度

（41）由于水池坡地上的地被灌木层图形不在坡面上，因此应当先将其移动于水池坡壁交接的最低处，再将其一一推起高低层次，使得地被灌木层不会出现悬浮于空中的情况，如图6-263所示。

（42）完成全部地被灌木层高度推起后，如图6-264所示。

图6-263　移动并推起水池边地被灌木层

图6-264　推出所有地被灌木层高度

（43）退出并选择底图群组，再次执行右键菜单栏中【软化/平滑边线】，调节角度，使地被灌木层侧面的大部分边线柔化消失，如图6-265所示。

（44）观察模型可以发现，所有地被灌木层顶面都是一个平面，因此，需要制作更为圆滑的地被灌木层时，可以在双击选择地被灌木层顶面后，执行键菜单栏中【软化/平滑边线】，调节角度大于90°以上，即可将边缘柔化，形成较为立体的地被灌木层，如图6-266所示。

（45）将所有地被灌木层顶面全部柔化后，可以观察到，地被灌木层有明显的光影感，如图6-267所示。

图6-265　柔化侧面边线

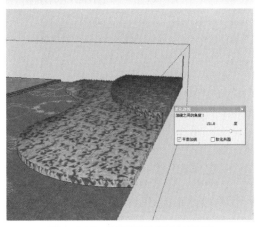

图6-266　柔化地被灌木层顶面

图6-267　柔化所有地被灌木层顶面

6.2.5 放置植物等装饰物

（1）在填充完周边基本材质的颜色后，即可开始布置植物。打开植物群组即从CAD导入的植被图层，并打开其中的植物平面，执行【窗口】菜单栏中【组件】命令，在组件搜索栏中输入"tree"，选择需要的2D或3D的树木组件放入模型中，如图6-268所示。

提示：由于是在CAD中导入植物平面图组件插入需要的树木组件，因此，同一植物平面图组件，都会出现插入的树木组件。

（2）有些CAD植物图例的中心轴没有在图中央，在插入2D的平面树时，会使得模型旋转时位置移动，因此需要更改轴的位置。在组件物体外点击右键，执行右键菜单栏中【更改轴】命令，将坐标轴放置在图形中心，再通过捕捉世界坐标轴的红、绿轴完成坐标轴的更改，如图6-269所示。

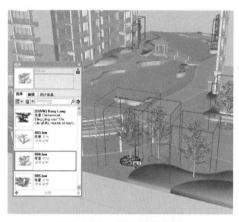
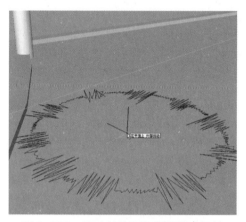

图6-268　调入植物组件　　　　图6-269　更改植物平面图组件坐标轴

（3）有些放置的2D植物组件其本身内部的组件轴就不在树木中心，围绕组件内轴旋转时，树木的位置自然会因组件轴的改变而改变，因此，需将组件打开后，执行右键菜单栏中【更改轴】命令，确定轴心位置和轴线方向，更改轴的位置，使树木旋转时固定在一个点上，如图6-270所示。

（4）由于导入树木组件的大小尺寸是根据原有树木组件的实际大小决定的。因此，当树木组件过大或过小时，在CAD植物平面图组件中导入树木组件后，应当键入"S"键，更改树木组件大小，通过此操作，可以将相应植物平面图组件中树木大小统一调整，如图6-271所示。

图6-270　更改树木组件坐标轴　　　　图6-271　统一缩放树木组件

（5）为达到更为真实的植物群落错落有致的效果，需要随机选择模型中部分植物组件，然后键入"S"键，调整其高度或大小，如图6-272所示。

（6）完成树木的配置后，调入灌木组件，并缩放其大小，如图6-273所示。

（7）完成灌木组件配置后，放入花架上的藤蔓类植物组件，并调整其大小、方向，使其看起来更为真实自然，如图6-274所示。

（8）放置完所有藤蔓类植物组件后，基本完成植物组件的放置。接下来为小区内添加各类园建设施，首先为花架添加长椅，并使用移动工具，将其旋转至需要的方向，如图6-275所示。

（9）放置亭子组件内的桌椅组件，如图6-276所示。

（10）放置小水池上的喷泉组件。调用下载的喷泉组件，放置其中，并删除定位喷泉的圆形线条，如图6-277所示。

图6-272 缩放出植物高低错落感

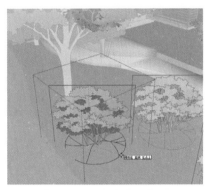

图6-273 调入灌木组件

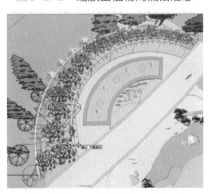

图6-274 调入藤蔓类植物组件

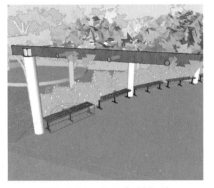

图6-275 调入长椅组件

图6-276 调入桌椅组件

图6-277 调入喷泉组件

（11）完成以上园建组件的放置之后，在路口交汇处放置景观石块，并配置其旁边的花草丛，如图6-278所示。

（12）在水池斜坡上随机放置石块，再选择所有放置的石块，包括上一步中的景观石块在内，执行右键菜单栏中【创建组】命令，将其创建为群组，如图6-279所示。

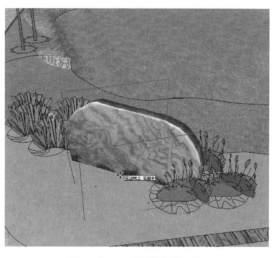

图6-278　放置景观石块

图6-279　水池斜坡上放置石块

（13）在模型中放入各种形态的人物组件，并将所有放置的人物创建为一个群组，如图6-280所示。

（14）为场景添加鸟、狗等动物组件，使场景更有活力，并且将所有动物组件创建成一个群组，如图6-281所示。

图6-280　调入人物组件

图6-281　调入动物组件

（15）绘制模型的背景建筑。键入"R"键，绘制一个房屋大小的矩形，并键入"P"键，将其推起一定高度，再选择顶面的边线，向下移动复制出多个副本，如图6-282所示。

（16）为绘制的建筑填充半透明材质中的"灰色半透明玻璃"材质，完成背景建筑绘制，如图6-283所示。

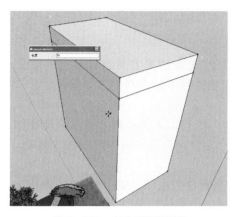

图6-282　绘制背景建筑

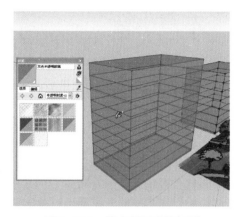

图6-283　填充背景建筑材质

（17）模型基本构建完成，接下来调节相应的参数，导出需要的图形即可。首先打开【样式】窗口菜单栏，改为"普通模式"；同时，打开并调节【阴影设置】面板，调节时间参数，并勾选【使用太阳制造阴影】；最后打开雾化效果，对其做相应的调节。如图6-284所示为花架与小水池的人视点效果示意图。

（18）图6-285为亭子与桥体的局部鸟瞰效果示意图。

（19）再次转化视角，点击开启【显示/隐藏阴影】效果，隐藏部分多余物体。图6-286、图6-287分别为不同角度的鸟瞰效果图。

图6-284　花架与小水池效果

图6-285　亭子与桥体效果

图6-286　前侧鸟瞰效果

图6-287　后侧鸟瞰效果

6.3　本章小结

使用SketchUp创建园林景观场景模型，能够快速表达出方案设计的空间效果，结合"VRay"、"Artlantis"等渲染器渲染后能够渲染出独特且不输于其他三维软件制作模型的渲染效果。

由于园林景观场景中包含有建筑小品、地形、植物、人等多种元素，因此在创建模型时，要注意多使用图层与群组、组件将各元素进行划分，当模型较大时，可以隐藏一部分图层和群组、组件，加快软件运行速度。

创建园林景观场景，一个很重要的步骤就是布置植物组件，如图6-288和图6-289所示，良好的植物配置能够使整个模型添加整体美感，使一个简单的模型丰富而有感染力。

图6-288　三维与二维植物效果　　　　　　图6-289　二维真实植物效果

除此之外，导入植物、小品、雕塑等成品模型时，放置不仅仅是调入组件到相应位置即可，还应当调整组件的大小、方向、材质、色彩等参数，使得物体与模型更为贴合，融为一个和谐美观的整体。

6.4　思考与练习

【练习6-1】请思考一下当模型中阴影不符合需要的方向时，如何调整？

执行【窗口】|【阴影】命令，打开【阴影设置】对话框，拖动时间和日期滑块进行调整即可。

【练习6-2】请思考在模型中配置植物时，应当注意什么？

植物是园林景观设计类模型中一个重要且不可或缺的组成元素，良好的植物设计能增添模型的特色，不同的植物配置能使模型呈现不同风格。

首先，应当注意配置植物时应当注意植物配置原则，宜乔、灌、草三层植物混搭配置，颜色搭配要有过渡，远、中、近景要分明，使模型更显真实且具有美感。

同时，在放置植物时，应适当选择其中部分植物调节大小（三维的植物还需要旋转方向），特别是使用列植方式时，由于自然植物生长长势不一，一定要将相邻的植物大小、高度调整，以免出现植物像一队笔直的列兵排队的不自然情况（除特意制作肃穆氛围或概念性的场景的情况）。

最后，还应当注意放入的植物风格是否与模型想要表达的内容一致，不要随意放入五花八门的组件，如配以手绘风格植物组件加真实风格植物组件等，这个是制作模型的大忌，会造成画面混乱，搭配杂、碎。